U0140269

Taiwanese Street Snacks

古早味台式點心圖鑑

米製點心、澱粉類點心，
在地惜食智慧與手工氣味，
作夥呷點心！

莊雅閔 著
吳怡欣 插畫

目錄 Contents

★米製點心★

從天上拜到地下的米食

★澱粉類點心★

萬用澱粉做點心，鹹甜皆宜

作者序

「點心」一直以來都是各國飲食文化中具有獨特魅力的品項，無論是日常用餐、宴會或喜慶活動，衆所期待的壓軸角色就是點心，在台灣當然也不例外。我們在地的「古早味台式點心」的樣貌樸實，但我認爲並不亞於華麗精緻的西式甜點，實際上非常精采有內涵，而且典故寓意深遠，更有著先民們就地取材的生活智慧和惜食觀念！

台灣傳統點心在歷史上絕對佔有一席之地，在爬梳和撰寫此書的過程中，發現種類之繁多，光是米製點心與澱粉類點心就有數十樣之多（其實還有更多，只是礙於篇幅有限～），這也證明了點心早已深刻影響著我們的飲食記憶。從常民生活、節慶祭祀活動到辦喜事，除了向天地奉獻心意外，也讓全家人共享滿足的滋味喜悅。

書中每道台式甜點的故事、做法、食材由來，都蘊含了前人智慧與講究的製作技藝，更重要的是，現今仍是我們飲食的一部分，希望能持續傳承下去。爲了拍攝書中的照片，已數不清繞行台灣幾圈，從離島寫到本島，幾乎所有的交通工具都搭遍了，眞心想好好分享旅途中看到的珍貴資料與美好給諸位讀者。

本書作者

莊雅閔

米製點心

從天上拜到地下的米食

對於亞洲國家來說，米食在日常生活或特殊節慶活動中都扮演了重要角色，台灣也不例外。傳統米食習俗源於清代移民從福建、廣東傳入，先民渡海來台之初生活不易，加上對於家鄉的思念，那時的婦女們大多具備蒸糕、製粿的能力，會做給家人們吃，因此那個年代的點心主要以米製品居多。無論是年節的紅龜粿、嫁娶的糕仔、清明的草仔粿等，逢年過節或是生命禮俗都與米食息息相關。

以米食敬天地、求護佑，也滿足了人心

日治時期日本人不習慣吃台灣的在來米，1925年台北帝國大學（今台灣大學）教授磯永吉成功將在來米改良成軟Q的蓬萊米，不但爲農民增加收入，也改變了台灣人的米食文化樣貌。台灣擁有世

● 多元豐富的米食文化深刻影響台灣人的飲食記憶。在早期社會，無論是直接用米或以米漿製成的米食，都需要仰賴人工製作，耗時費力，得來不易。

界三大類稻種：秈稻、粳稻、糯稻，因此在地米食具有多樣性，更揉合了常民的生活智慧。常見的古早味米食包括糕仔類（綠豆糕、鳳眼糕…）、漿粿類（發粿、紅龜粿、年糕、麻糬…）、膨發類（米香、麻粩…）、鳳片類等，配合整年度的節氣變化，衍生出連綿循環的歲時節慶滋味。以往家家戶戶會按照長輩口耳相傳的經驗、配方來製作不同米食，並依照傳統習俗在重要節日拜神祭祖，以祈求護佑，因此米食還蘊含著祈福、消災、希望全家團聚的美好涵義，不僅代表了敬虔心意，也讓全家人有機會能享用這些手工製作的美食。

在台灣，每個縣市或地區有各族群習慣的飲食方式及文化，過往人們通常就地取材製作米食，這些生活經驗漸漸凝聚成在地特有的樣子，以致於同個米食品項會有不同名稱，更有著各自的故事以及珍貴的製作技藝，由此能感受到米食與常民生活的連結從未間斷。

步步高升好福氣

甜米糕

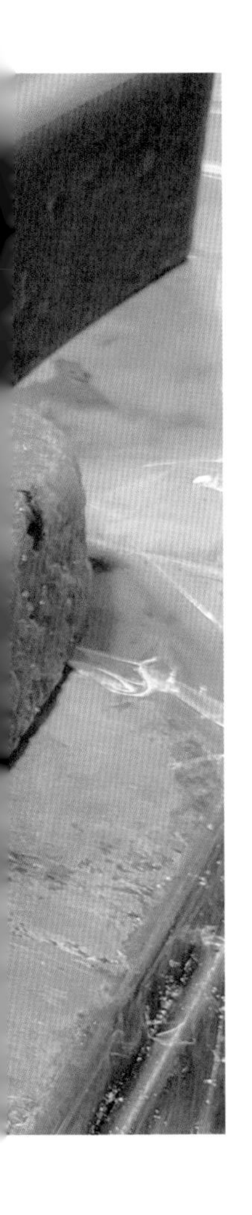

米糕是許多信眾在祭神時會選擇的供品，因爲糕有「步步高升」的寓意，加上自古就認爲製作米糕的糯米有驅邪效用。民間宮廟在神誕之日，會塑形成米糕龜、米包龜爲神明祝壽，具有祈求財壽平安之意，這也是爲什麼常常可以在廟裡看到米糕的原因，每逢歲時年節、嫁娶、生育等生命禮俗的場合也十分常見。立冬或冬至時，人們也會用糯米做的食物進補。最簡單的就是做成酒香滿溢的甜米糕，民間認爲糯米爲溫和滋補的食材，有健脾暖胃、補中益氣、祛寒補虛之效。

甜的米糕口味單純，如果說米糕粥是濕式米糕代表，那乾式就非塊狀的甜米糕莫屬了。早年台南也有販賣甜米糕的攤商，一樣是將糯米浸水泡軟後加酒蒸熟，趁熱加入糖拌勻，蒸至糖融化後取出，倒入盤裡定型冷卻，最後切塊出售，要吃的時候再煎或蒸熱即可。

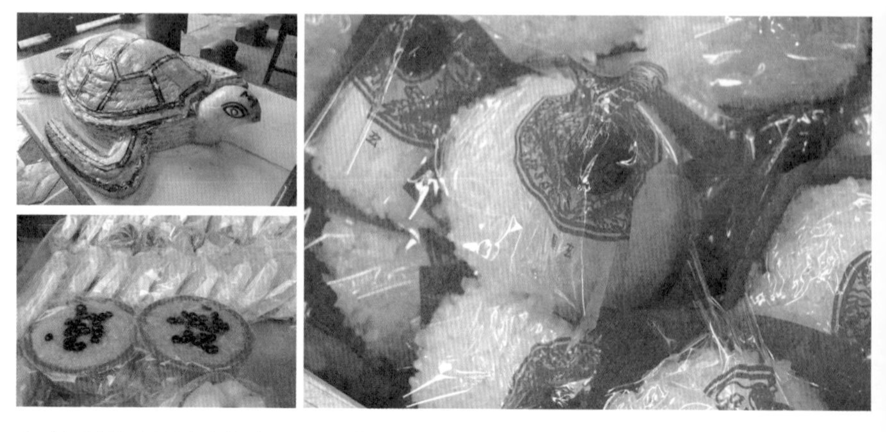

●（左上圖）民間宮廟在神誕之日，會製作米糕龜、米包龜為神明祝壽，具有祈求財壽平安之意。●（左下圖）清明祭祖用的「米糕豆」是在甜米糕上舖黑豆。●（右圖）只有在台北行天宮外才看得到小販賣的米糕上有龍眼乾。

食用甜米糕的習俗由來

台北行天宮外面賣的甜米糕上會放帶殼龍眼乾，信徒都知道祭拜後要取下龍眼乾、敲破外殼，吃掉桂圓肉再把甜米糕帶回家食用。當場敲破桂圓殼象徵著擊碎厄運以及好運破殼而出，桂圓殼就留在廟裡，不把「厄運」帶回家。不少去拜拜的長輩會將桂圓乾留給小孩吃，除了疼愛之情，也將福氣留給後代子孫，是台灣信仰中非常美好的習俗。除了祭祀可用甜米糕，嫁娶也少不了，客家人嫁女兒時，甜米糕會隨著新嫁娘送至男方餽贈親友，祈求小倆口永結同心。

「米糕豆」舖上黑豆的甜米糕，用於清明祭祖；若擺上紅豆再貼上囍字就是新娘歸寧時會帶回婆家的伴手禮，意謂著「甲米糕豆，甲尬老老老」。

食譜

Cooking at home

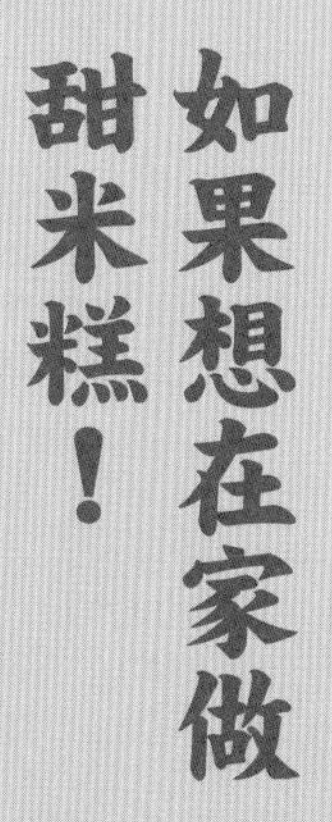

如果想在家做甜米糕！

Ingrdients

食材

圓糯米 9 杯
紅糖 300 克
食用油 少許
米酒 4.5 杯
水 4 杯

Methods

做法

1. 將圓糯米洗淨瀝乾後放入電鍋內鍋，倒入米酒、水，外鍋 2 杯水，蒸至開關跳起。
2. 讓米糕燜 10 分鐘後放入紅糖，再次按下開關，燜約 10 分鐘。
3. 開蓋後，飯匙沾點油，全部拌勻。
4. 鋪平於模具內壓實，待涼後即可切塊分裝。賞味期爲 2 天內吃完，放冷凍庫可保存 1 個月。

溫養胃氣的妙品

桂圓米糕粥

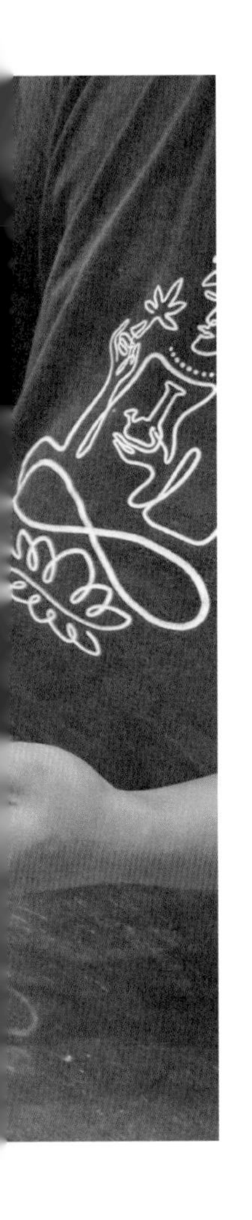

對許多人來說，桂圓米糕粥是記憶中香甜的一頁，尤其在餓得無法成眠的冬夜裡，喝上一碗熱騰騰的米糕粥，米粒甜香入口卽化，是暖心又暖胃的小確幸！糯米又稱爲江米，屬於溫和滋補的食材，可以補血、健脾、暖胃等，還能改善因脾胃虛寒所導致的食慾不振、腹脹腹瀉，古時候的人稱糯米粥爲溫養胃氣的妙方。「米糕粥」是南部慣用的名稱，北部則叫做「桂圓粥」，是由糯米、桂圓與二砂糖熬煮而成，食用前再淋上一些米酒，吃起來更香氣四溢。

無論熱吃、冰吃都美味的甜粥

日治時期，常有小販挑鍋販賣米糕粥，但是冬夏食材不同，冬天加桂圓，夏天加綠豆，是常民或勞動階級者的點心。在許多人的兒時記憶裡，總有一碗家人的手作甜湯，而米糕粥必定是代表之一。在我的記憶裡，則是停留在冬天夜裡老伯伯推著冒著小白煙的米糕粥攤車，以糯米、桂圓、砂糖熬煮成米糕粥，米粒

● 將米糕粥放入冰棒盒中，就是枝仔冰中常見的米糕冰棒，若將米酒換成紹興酒，風味更佳。

久煮後軟而不爛的口感，加上自然甜味又飽滿的桂圓，一碗喝下肚，陣陣暖流從胃部慢慢地往全身擴散開來。

至於夏天的桂圓米糕粥，微甜帶著伴隨涮嘴的咀嚼感，瞬間讓暑氣全消。這甜甜的一鍋煮，四季冷熱皆宜，只要該加的食材都加了，對於沒有料理經驗的人來說，零廚藝也能輕鬆上手，隨時爲自己或家人煮一鍋甜蜜暖心。

● 甜米糕不只有白色，紫米糕或蔗糖色的米糕也能拿來煮甜粥。

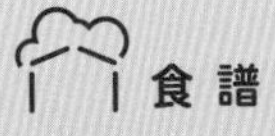

Cooking at home

如果想在家做桂圓米糕粥！

Ingrdients

食材

圓糯米 150 克
去殼桂圓 50 克
米酒 50 毫升
枸杞 1 大匙
二砂糖 30 克
黑糖 30 克
水 1200 毫升

Methods

做法

1. 洗淨圓糯米，加水浸泡 2 小時，用米酒浸泡桂圓，備用。
2. 將水倒入電鍋，放入泡好的圓糯米、桂圓、枸杞，外鍋 2 杯水蒸煮至開關跳起。
3. 稍燜 10 分鐘左右，再加入二砂糖及黑糖拌勻即可。

Tip ★ 可使用吃不完的甜米糕，直接取代蒸米步驟。

老一輩最懷念的米香記憶

米糕栫（餞）

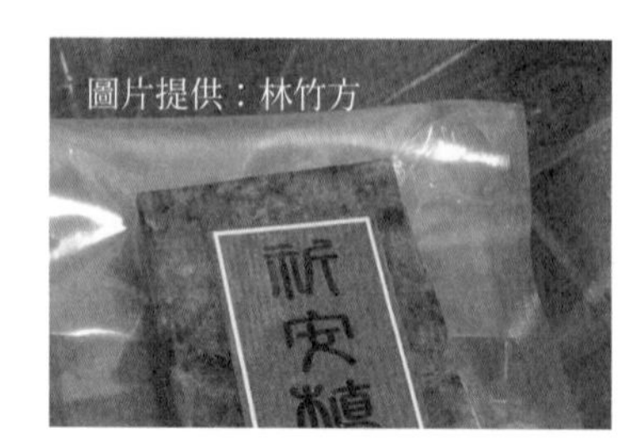
圖片提供：林竹方

圖片提供：蔣文正

「米糕栫（餞）」爲台南特有的祭品，在過往，只有中元普渡、廟宇造醮才有機會享其滋味。「栫」音同「見」，「木」與「存」合成一字，是指用木頭保存食物的意思，將甜糯米放入六角柱狀的栫桶中壓製而成。在早期社會，糯米與糖皆是珍貴稀有的食材，用於普渡或醮典不僅代表儀式隆重，也體現對天地鬼神的虔敬。以此款待一年一度來人間享食的「好兄弟」，有著吃飽和甘甜之意。米糕栫外型好似高塔，這源自佛教的布施精神；下寬上窄六角柱的外觀則有步步高升的好寓意。

祭祀過後的米糕除了直接分切，更衍生出煎、炸或煮成米糕粥等多種吃法。過去在安平地區的討海人常需遠行，上船前必備此物，因其可保存期間較久，且容易飽足，不用再烹調，有時一帶就是百斤。從祭品到日常點心，米糕栫都是老一輩最懷念的米香記憶之一。

●（上圖）製作米糕栫的米爲長糯米，而且一定要用舊米，久蒸後才能維持米粒分明、好塑形。●（右圖）製作米糕栫的每道工序都是關鍵，皆需仰賴師傅們的經驗及默契分工，並非一人可完成。
（圖片提供：蔣文正）

全憑職人經驗的製作技術

從前置的浸米、蒸米、煮糖、攪拌、充塡、熟成、拆板、分切以至於後續的清洗，製作工序不僅多，而且每道工序都是關鍵，皆需仰賴師傅們的默契分工，無法一人完成全部。製作米糕栫的米爲長糯米，而且一定要用舊米，眼力好的師傅甚至透過浸米就可以辨別米的年份，舊米色澤深略帶黃，經久蒸後仍可保持米粒分明、好塑形。煮糖的時間還要配合炊米時間，攪拌過程中要使每粒米均勻沾到糖漿，還得時時

●（右上圖）祭祀後，師傅會在現場把米糕桁分切小塊，再送給信徒食用。●（左上圖）澎湖的「米糕炸」是將長糯米燜煮熟透後降溫定型，切片沾上麵糊後油炸，有少許油蔥茨香，外觀很像蘿蔔糕，但咬開能看到粒粒分明的糯米，充滿米香！●（右下圖）下寬上窄六角柱的「桁桶」，有步步高升的寓意。
（圖片提供：蔣文正、林竹方）

留意不可把米攪破，以保留米粒的完整飽滿。塡入桁桶時，得與時間搶快，以免米粒變硬，影響成品口感。

無論是判斷糯米炊煮的熟度、糖漿份量、把米和糖攪和均勻的程度以及塡入桁桶的速度，都需要長期累積的經驗，才能做出口感Q彈又有米香的米糕桁。就算製作步驟寫得再怎麼詳細，這必須靠師傅長年經驗催生的好滋味也難以完全複製。

湯圓

冬至吃湯圓，元宵節也吃湯圓，在我們所有的節慶裡，唯獨湯圓是一年吃兩次，究竟元宵就是湯圓？還是湯圓就是元宵？常搞得大家霧煞煞。雖然都是糯米做的，但兩者之間的製程有差別，元宵是使用竹篩透過反覆搖動和灑水，內餡料滾動時，其表面會逐漸沾附乾糯米粉，再滾出大小適中的圓糰來；湯圓則是用糯米皮來包餡，簡言之，元宵是滾出來的，湯圓得用手搓。

台灣人習慣在冬至及喜慶的日子煮湯圓，湯圓下水煮熟了之後會浮起來，故煮湯圓的台語稱爲「浮（phû）圓仔」，客家人則將湯圓稱作惜圓、粄圓、雪圓仔、圓粄仔。在以前，人們要吃湯圓，得全靠手工製作，要泡米、磨漿、壓乾取出粿粞等，包湯圓和煮湯圓的步驟一大串，所以只有特別的日子才會吃。對於現代人而言，想吃湯圓實在方便多了，無論加入油蔥、豬肉絲、香菇、蝦米、韭菜、茼蒿一起煮的鹹湯圓，或是乾濕兩吃的甜湯圓，鹹或甜各具特色。勤儉惜物的客家人在冬至做粄圓

（湯圓）時，會留下一些粄粹（粿粞），曬乾後搓成粉狀，再放進甕裡儲存起來，要用時加點水或加入蒸熟的番薯混合搓圓使用。

金富銀貴、財富滿堂的祈福寓意

民間有「食冬節圓加一歲」的說法之外，湯圓顏色也有涵義，紅色代表「金」，白色代表「銀」，有著財富滿堂的寓意，也象徵圓滿之意，每次享用湯圓就像擁有了一份圓滿的祝福。除了冬至或元宵節，部分地方有農曆六月十五日吃湯圓的習俗——「呷半年圓仔」，例如台南歸仁地區。主要意義在於告訴每個人今年已過了一半，以此方式爲自己、爲家人補運，祈福下半年平安順利、好運連連。

金門的瓊林聚落則稱湯圓爲「六月半」，當地有個習俗，會將紅白湯圓混合來祭天，但有的人家只會拜白色的，據說是因爲拜紅色的會下雨、拜白色的較沒有雨水，人們希望雨水不會太多而影響農作收成。

以往教課時，常遇到有人問湯圓米糰的水量要如何控制，不是太乾就是太過於黏手。其實糯米粉與水存在太多變數，很難有個黃金比例，因爲不同牌子的糯米粉吸水力不同，這跟磨粉的加工有很大的關係。因此，最好的方式就是不要一次加到底，分次調節水量多寡。如果粉糰太乾，可加入少許清水；如果太濕，就加入少許糯米粉，老人家的「經驗法則」就是多做幾次，從中找出自己的黃金比例，好的粉糰軟硬度要像耳垂般柔軟。

● 把磨好的圓糯米漿倒入粿袋中綁緊，用石頭和扁擔重壓出水成爲生粉塊，傳統湯圓就完成一半囉！

製作湯圓有六道基本工序，這些步驟正是確保每一顆湯圓吃起來都帶有濃濃懷舊味的秘密：

1. 浸米：前一晚先把圓糯米浸軟。
2. 磨漿：將浸軟的糯米與水調和磨成漿。
3. 壓粿：將米漿倒入粿袋，綁好綁緊，以前的人會用石頭和扁擔重壓，去除水分後即成生粉塊。
4. 製作粿酺（婆）、粄娘：取幾塊生粉塊，蒸煮成具有黏性的粿酺（婆）。
5. 製作粿粞（粹）、粄粹：把剩下的生粉塊壓碎成粉狀，加入粿酺（婆）慢慢揉成湯圓皮。
6. 搓圓成形：分切成小段小段，搓成球狀。

湯圓的另一種吃法——「花好月圓」

紅白湯圓除了甜湯版本外，還會以另一種吃法出現在台灣人的喜宴上，就是很適合當成開場與壓軸的點心——花好月圓，即炸湯圓，尤其受到小孩們的喜愛。總舖師爲了配合喜宴菜名，讓原本樸實無華的小湯圓進了炸鍋，沾上花生粉，就成了「花」好月「圓」的圓滿如意，祝福新人早生貴子。

而在金門的吃法是，將湯圓水煮後撈起瀝乾，趁熱撒點糖、放些紅棗，這種不帶湯汁的做法在當地很常見。台灣早期的婦女也會將冬至吃不完的湯圓，熬煮成Q甜耐嚼的「圓仔綁糖」。

很多人炸湯圓時，都會遇到湯圓破裂或油爆等問題，若想讓炸出來的湯圓外酥內軟又不破裂，千萬不能直接下油鍋。無論冷凍或常溫湯圓在油炸之前，得讓表層先裹上一層薄薄太白粉或玉米粉，若使用冷凍湯圓，則建議退冰再使用，可以減少油炸時水分釋出而油爆的情況。

炸湯圓時，油溫不能太高，抓好溫度後，一顆一顆放入油鍋，記得要不斷翻攪，較不容易失敗，最好是短時間反覆炸兩次到三次。等湯圓膨大浮起，表面產生疙瘩狀，就可撈起；若用氣炸鍋製作，在湯圓表面噴點油，設定 200℃氣炸六至八分鐘。食用前再撒花生糖粉，太早撒的話，炸湯圓會變得濕潤黏糊。

Cooking at home

如果想在家做湯圓！

Ingrdients

食材

糯米粉 200 克
水 150 毫升
食用紅色色素 適量

Methods

做法

1. 將水慢慢倒入糯米粉中，搓揉成團狀。
2. 捏取兩小塊壓扁，準備滾水鍋，放入水中煮熟至浮起。
3. 將煮熟的粿脯（婆）放回糯米糰中，繼續揉勻成不黏手的狀態，分爲兩等份，一份爲白色，另一份以紅色色素染成粉色。
4. 將糯米糰搓成長條狀，分切成小塊，再搓揉成圓球大小。
5. 煮一鍋滾水，放入湯圓，待水滾沸後轉中小火，稍微攪拌，待湯圓浮起、微膨脹後撈起，搭配糖水或甜湯享用。

Tip ★

1. 煮湯圓的秘訣是「滾水下，小火煮」，這樣煮出來的湯圓才會圓潤飽滿，當湯圓浮出水面即可撈起，沖冷後會自然呈現 Q 彈口感。如果使用包餡湯圓，一放入滾水，還沒有落到鍋底，就要趕快攪拌一下，避免黏住鍋底而破掉。
2. 若想省略磨米和做粿粞（婆）的程序，可改用糯米粉操作，秘訣是先加入部分熱水拌勻，再加入冷水搓揉，這是懶人版做法。先熱後冷的原理就像燙麵，可以增加粉糰黏性，包餡時較不易裂開，延展性較佳，耐煮不易破，口感也較有彈性。
3. 若不想使用食用色素，可改用紅色火龍果（紅龍果）的果汁，或以紅麴粉調色。

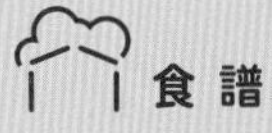

Cooking at home

如果想在家做花好月圓！

Ingrdients

食材

紅白小湯圓 適量
太白粉 適量
花生粉 100 克
糖粉 100 克

Methods

做法

1. 在紅白小湯圓表面均勻撒上太白粉，備用。
2. 準備油鍋，油溫約 50 ～ 70℃時，放入小湯圓，以 150℃油溫慢慢炸熟至表面產生疙瘩狀，撈起瀝油，再撒上花生糖粉（事先拌勻）即可。

年節的甜蜜結尾

元宵的各種寓意

無論湯圓還是元宵都有人愛，歷史上唯獨有個人不喜歡，就是曾任中華民國大總統的袁世凱，他認爲「元宵」兩字同諧音「袁消」，有袁世凱被消滅之嫌，於是在 1913 年元宵節前，下令禁止稱「元宵」，只能稱「湯圓」或「粉果」。後來又覺得湯圓的「圓」仍是「袁」的諧音，大家煮湯圓吃，不就成了拿開水煮袁世凱嗎？於是，他又下令全國人民把「湯圓」改稱「湯糰」；儘管袁世凱當時對於諧音字反感，「元宵」這項食物也沒有因此消失不見。

元宵節又稱爲「小過年」，除了市售有各種口味的元宵選擇，更少不了賞心悅目的花燈及大型燈會，甚至還有別具地方特色的民俗活動，如平溪放天燈、野柳洗港、士林內湖炸

土地公、苗栗「炸龍」、後龍「射砲城」、花壇迎花燈、客家地區製作「新丁粄」、台南鹽水蜂炮、台東「炸寒單爺」以及澎湖「乞龜」等節令活動，從北台灣到南台灣、從西部東部到離島，簇擁成熱鬧的年節氣氛。

搖元宵比搓湯圓還費工，藉由「滾」來定型的元宵，必須使用偏硬的甜餡，如常見的花生、芝麻、棗泥等，多次將餡料過水放在大竹篩上，經由滾動沾附糯米粉，在甩動過程的力道要均勻，這樣裹粉才會扎實。

● 製作元宵時，得讓餡料反覆過水裹粉，滾至大小適中的程度全靠製作者的經驗以及力道掌控。

可曬乾儲存的米製品

馬祖白丸

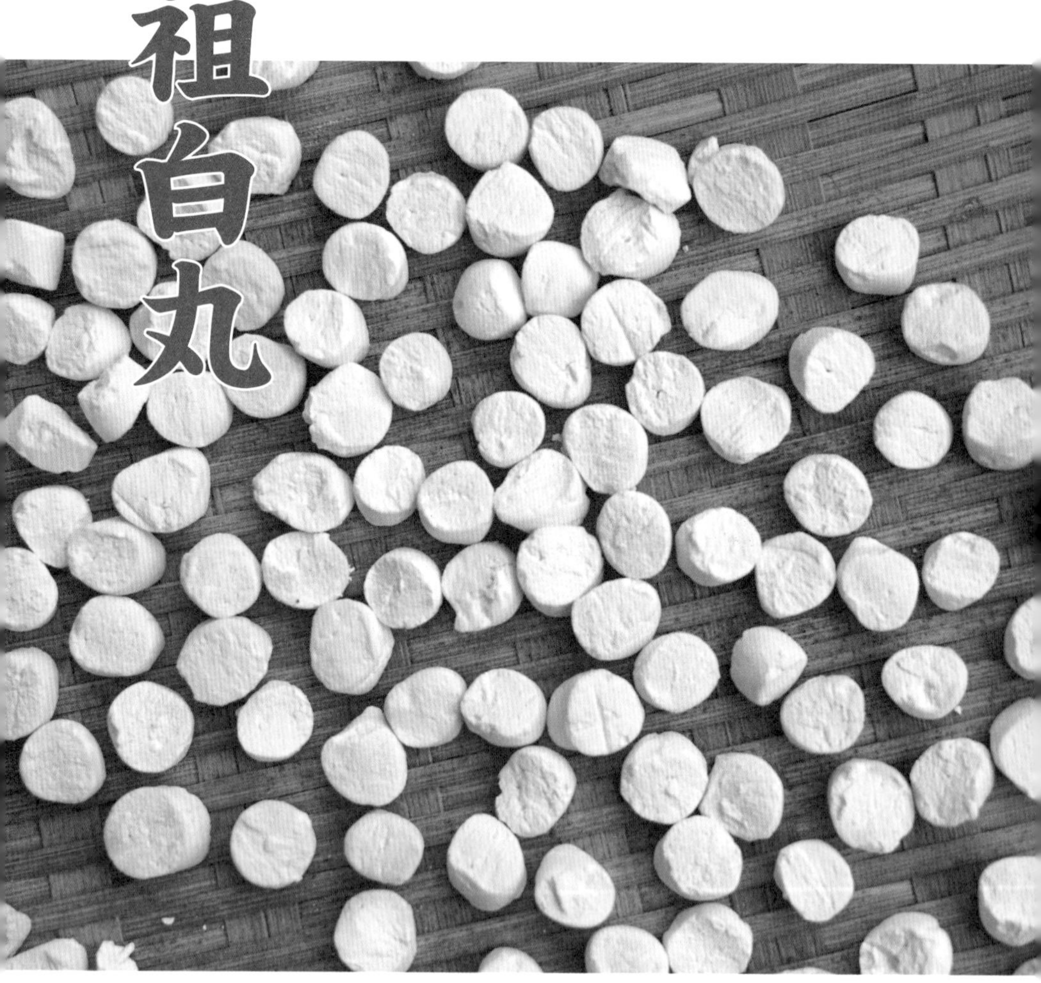

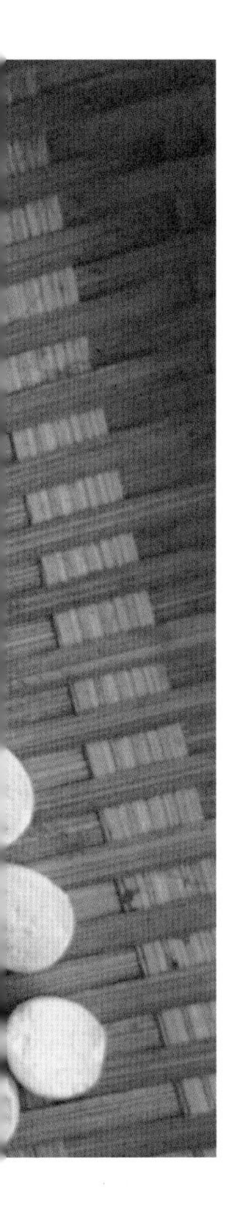

馬祖的歲時節俗傳自福建，米＋時＝糍（ㄕˊ）馬祖話唸「sì，ㄒㄧˋ」，是福州語裡特別的「造字」，更是福州人對「湯圓」的統稱。福州人相信冬至搓湯圓（搓丸），會時來轉運，發明了「糍」字，而馬祖受到福州文化的影響也沿用了「糍」字。

「糯米」對馬祖人過年過節的意義重大，因爲馬祖缺水不產米，戒嚴時期米糧一律軍管，只能跟村公所買，百姓拿到的大都是已長米蟲的戰備儲糧，很難得吃到新鮮米飯，糯米更是珍貴。每逢年節祭神拜祖、婚喪喜慶時，馬祖人會用甜食供在案前，例如糯米做的「糍」、糖粿、湯丸等，爲祈求萬事圓滿、平安福氣。至於「白丸」，小小的有如鈕扣，主要由糯米製成，再混搭白米，糯米成分不高，卽便難登大雅之堂，卻是尋常百姓的甜蜜慰藉。

可鹹可甜的白丸

在馬祖，「白丸（音ㄅㄚˋㄨㄥˋ）」是夏日點心，家家會做，還可煮成鹹口味。當地人將製作白丸的過程稱爲「扭白丸」，白丸的做法如同湯圓，糯米與在來米以6:4比例（各家製作比例不同），將兩者混合浸泡一夜，取出後磨成漿並榨乾成粿粞。然後先取一小塊粿粞入滾水煮沸，與乾粿粞攪在一起揉勻成團狀，以增加韌性及咬勁口感。接著用手掌搓成如筷子粗細的長條狀，用拇指和食指擰下小塊小塊，大小如襯衫鈕扣，略壓成扁平狀。老一輩的馬祖人認爲捏得越扁越小較精緻好看，然後擺放在篩網上，曬乾後當成儲糧。

製作「白丸」的工序不繁複，「扭白丸」不會非常難，可是「煮白丸」就不容易，因爲有可能會失敗。我的馬祖朋友聽到我要煮白丸，都非常驚訝！因爲連當地人的她都沒煮成功過。煮白丸跟一般煮湯圓不同，湯圓是滾水下，但煮白丸時，溫水就要下鍋，避免易散裂煮成糊狀；滾水下鍋，就會變成外熟內不熟，稱爲「睡餡」；經驗法則就是下鍋時的水溫是微溫，放入白丸，加蓋，水滾後燜一下就可以，開蓋後迅速攪散，再依個人喜好，淋上蛋液、加適量砂糖，如此就可食用。

● 煮白丸必須用溫水，大約是用手能觸碰的微溫狀態，此時即可下鍋。若以沸水來煮白丸，會造成外熟內不熟的狀況。

食譜

Cooking at home

如果想在家做馬祖白丸！

Ingrdients

食材

白丸適量
雞蛋 1 顆
砂糖適量

Methods

做法

1. 取鍋煮水，加熱至用手可觸碰的微溫狀態。
2. 加入白丸，煮沸至浮起，用湯勺稍微攪散。
3. 打入蛋花，煮至熟透，關火。
4. 趁熱加入砂糖，攪拌均勻即可。

Tip ★ 將煮熟的白丸撈起，再另煮一鍋湯底，加入配菜、白丸就是鹹白丸了。

馬祖人中元節祭祖供品

潤飯（糋）、籤當（糋）

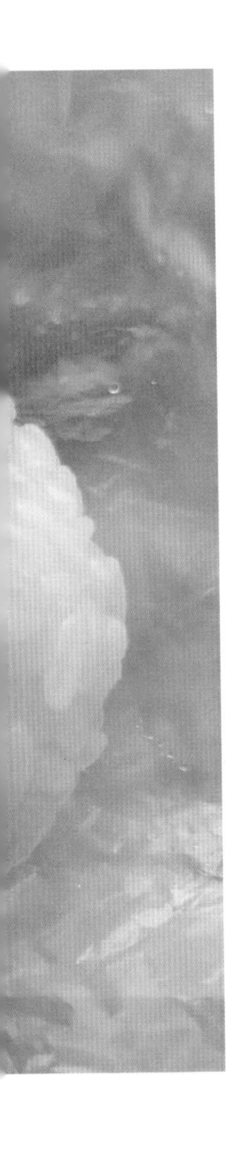

在馬祖的不同時節，就有不同的「粭」要製作，常見的有白丸、潤飯「粭」、簸當「粭」。外表有米粒、內包紅豆餡的蒸熟糯米糰稱為「潤飯（粭）」，看起來就像珍珠丸子；用糯米做成湯糰，煮熟後，在外表裹上黃豆糖粉，叫「簸當（粭）」。早期長輩為探訪未曾謀面的女子面貌如何，常以是「簸當（粭）」或「潤飯（粭）」來形容外貌，前者係指生的好（馬祖話，外表亮麗），「潤飯（粭）」則是因表面沾黏米粒，像凹洞，隱喻為樣貌不佳。

「潤飯（粭）」是馬祖人中元節祭祖必備的供品，讓祖先帶回陰間之餘，還能分享給其他孤魂野鬼，為祈求全家大小在鬼月期間平安無恙。包好紅豆餡並沾有米粒的糯米糰會鋪在黃槿葉或月桃葉上，再入鍋蒸熟，不僅增添草葉香氣，外型也更加美觀。

日式和菓子也有顆粒狀的糯米糰與紅豆組合而成的甜點——「御萩」，又稱「萩餅」、「牡

● 左圖為日式菓子——萩餅；右圖為馬祖米食——簸當。

丹餅」，同樣是祭祖用的供品，只是「御萩」是紅豆在外、糯米在內，和潤飯不一樣。在傳統上，日本人認為紅豆可以除魔趨邪，在熬煮紅豆時會加入過往很珍貴的砂糖，為表達感謝和尊敬。

也是糋，但名稱和做法不同的「簸當」

「簸當（糋）」有滾動、沾黏的意思，馬祖人稱沾黏的動作為「簸當」或「糋」，在許多重要時刻會出現，像是新屋上樑、造船竣工、喬遷或其他喜事等，人們會做這個點心表示慶賀與祝福。原料可以是全糯米，或與在來米混合製成，一般是將糯米糰塑成小球後入滾水鍋煮熟，或煮後用筷子夾斷，然後趁熱倒入黃豆糖粉，左右搖擺使其滾動，比較講究的人會加些花生粉混合，球狀外觀很像麻糬。像這種用筷子夾斷並且沾粉的動作，北部的客家人稱為「斷粢粑」，看起來就像糖不甩。

食譜

Cooking at home

如果想在家做潤飯！

Ingrdients

食材

【糯米皮】
長糯米（沾裹用）200 克
糯米粉 300 克
水 240 毫升

【內餡】
紅豆粒餡 200 克

Methods

做法

1. 紅豆粒餡分成 10 等份，備用。
2. 洗淨長糯米，浸泡 3 小時後瀝乾，置於盤中。
3. 糯米粉放入大碗中，緩慢加水攪拌均勻並揉製成團狀。
4. 取部份放入沸水中煮熟，撈起後與做法 3 的糯米粉糰揉勻，並分割成 10 等份，備用。
5. 取糯米糰包入紅豆餡，搓成圓形，再於外層滾上做法 2 浸泡過的糯米。
6. 以月桃葉當底（防沾黏），放入蒸籠，以大火蒸 10 ～ 12 分鐘即可。

土地公最愛的點心

麻糬

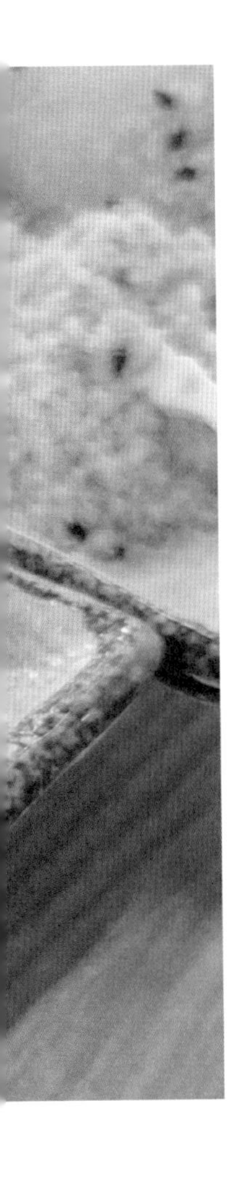

麻糬是很常見的點心，用於民間習俗時有不同涵義。傳統麻糬製作是用木杵擊打石臼內的熟糯米，等到產生黏性後，再揉成小塊，包入餡料。麻糬所需的材料簡單，因此街上小販通常是現包現賣。俗語說：「麻糬手內出」，意思就是麻糬要捏大捏小，都由捏製的人自由控制，只要是現場捏製的攤位，大排長龍是很稀鬆平常的事。

據說台式麻糬最早被稱爲「豆糬」，繁複的製作古法已經失傳，現今多以糯米粉揉成糯米糰。爲了增加口感，製造過程中會加入油脂揉合，再包入花生粉、芝麻、芋泥、紅豆泥等餡料，最後裹上花生粉或芝麻粉，難怪營養師會稱麻糬爲「熱量炸彈」，三顆的熱量比一碗飯還高！

麻糬的做法雖大同小異，但原住民朋友對麻糬的稱呼卻不盡相同。若到泰雅族人家中做客，主人會在現場「搗麻糬」表示歡迎，代表客

●（左圖）小米做的麻糬比較容易消化。●（右圖）搗麻糬是原住民傳統文化活動之一，具有分享喜悅之意。

人在主人心中的份量。花蓮的太魯閣原住民稱爲「hlama」，阿美族則稱之爲「杜侖」，通常在慶典或重要節日吃得到這個點心。阿美族人的太太們製作香Q的「杜侖」，是爲了讓老公出海捕魚期間方便食用，除了隨手就能塡飽肚子，更多了一份照顧家人並盼望他們早歸的情意。

在早年淘金熱風行的時期，瑞芳人爲了讓礦工在濕冷冬天工作有體力，於是礦工的家人們用糯米做成麻糬，每顆麻糬在捏製時，必須先挖一個洞再補起來，宛若一顆中空的乒乓球，然後油炸，如此就是誘人食慾的「熱油麻糬」了，熱油能讓麻糬變Q、受熱均勻，嚐起來更加有嚼勁。

「熱油麻糬」原本是瑞芳的礦工工人休息時吃的小點心，現在卻變成了觀光客也熱愛的旅遊美食之一。

客家人的「粢粑」，是不包餡的麻糬

客家人稱沒有包餡的麻糬爲「粢粑」，有包餡的稱爲「麻糬」。以前的客家人在舂米時會留下一些碎米，因爲不想浪費，便將碎米蒐集起來蒸熟，再椿打成黏糊狀的糯米團，分塊後沾花生糖粉食用，這「先蒸後打」的過程也是客家粢粑與一般麻糬不同的地方。

在歲時節慶祭祀中，每年二月二日（頭牙）、八月十五日（中秋）、十二月十六日（尾牙）與每月初一、十五（作牙、犒將），麻糬都會被當成土地公的供品，但因爲祂年紀大、牙齒不好，需要供奉較軟的食物才咬得動，加上麻糬有「黏錢」的意涵，可以爲自己帶來財運。另有一個說法，是怕土地公鬍鬚掉下來，需要用麻糬的黏性幫祂黏住。

● 在客家庄沒有包餡的麻糬爲「粢粑」，有包餡才稱爲麻糬。麻糬袋上的 OX 符號是標示口味的一種方式。

在早期的台灣，務農的客家人需要大量勞力及人力從事農事活動，大家在耕田的休息時間會吃點心補充體力。「牛汶水」是客家粢粑（麻糬）的變身，有著「牛玩水」之意，黑糖薑汁像泥水，水牛躺在裡頭打滾而出現凹痕的樣子，因而得名。它的做法跟大湯圓一樣，只是沒包餡，搓圓後壓扁，做出凹窩的造型，這種扁圓外型又稱爲「湯匙粄」，烹煮時也較容易熟透。

爲什麼不是搓圓就好，而要多一道「壓」的工序呢？這有很多涵義在，一是凹槽可以將糖水盛在裡面，如同碗一般的供奉之意，表示農家以最大誠意感謝來協助農忙的人們，也有人把它拿來七夕祭拜，當作盛裝織女眼淚的碗；二是扁圓形讓人在進食時能細嚼慢嚥而不易噎到。

「牛汶水」是每到客家庄必吃的甜點，常跟「㷫湯粢」畫上等號。雖然兩者食用的方式都是淋上糖汁，但從國內學者仔細分辨製作粢的方式後，發現仍有些差異。「牛汶水」是把蒸熟的粢粑斷開後，澆上黑糖薑汁（濕的粢粑又稱「湯粢」）；而「㷫湯粢」是將生的粄粹搓圓拍扁，在中間壓一個凹洞，然後煮熟。

「湯粢」的做法也被戲稱為「譴粄」、「不甘願粄」，怎麼的「不甘願」法呢？這就要說個小故事了。早期農家婦女原本就有忙個不完的家事，除了三餐外還要製作費時費工的粄食當作點心，於是把不甘願的情緒發洩在粄圓身上，以熱水汆燙，撈起後放入糖漿裡，「湯粢」就這樣誤打誤撞，變成日後流傳的客家點心。不管叫做「牛汶水」還是「㷫湯粢」，甜甜的滋味都是濃濃的客家味緒。

● 牛汶水是用全糯米製成，也象徵「黏結」，藉此祈求秧苗插得穩固、成長茁壯，來日有好收成。不僅做為體力補充的來源，更是神桌上的重要祭品。

發大財保平安

紅龜粿

010

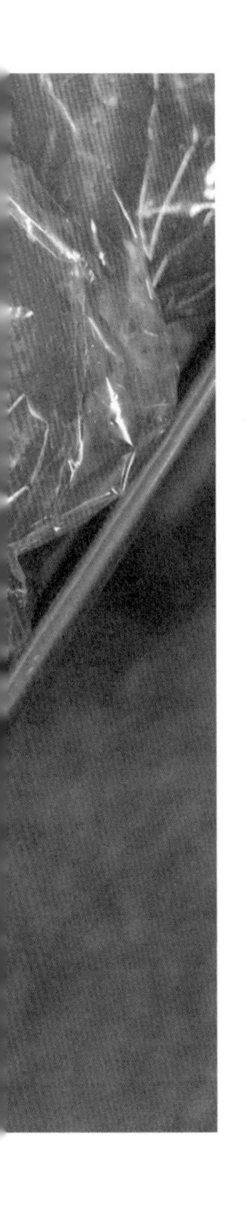

在中國，龜文化崇拜可追溯到遠古時代，早在殷商時期便有「祭龜」習俗，後來因爲活龜得來不易，人們逐漸以龜形的粿——紅龜粿替代。而在台灣，龜本身是長壽的特徵，加上「龜」的台語發音與「久」相近，因此也反映在食物上，發展出印有龜紋、染成紅色的紅龜粿，一塊紅龜粿就視同一隻龜。

《台灣通史》裡提到：台人「歲時慶賀必用紅龜，象其形也。」龜形象徵了福壽雙全，在以往各種喜慶場合都適用，比如祭祖、拜壽、喬遷、敬神等。除了龜形，其他形狀也有不同意涵，比如壽桃形的紅粿象徵長生不老，用於婚後歸寧時贈給女方的禮物，以及小孩做「四月日（收涎）」之用。套錢形狀則象徵財富綿延不絕，常出現於天公生、謝神等祭典，圓形有團圓和諧之意。有俗諺說：「吃粿賺傢伙」，意爲吃了紅龜粿，就能發大財和保祐平安，不僅是份祝福，也盼望自己和家人從年頭好到年尾。

以前的農村婦女除了煮三餐外加點心之外，還會做獻給「神的食物」。早期製作紅龜粿時，嚴禁孩童靠近，免得「囡仔郎有耳無嘴（台語）」，不小心說出不吉利的話，或在製程時調皮亂摸破壞，而孕婦、喪家或正逢生理期的女性也要避開，因爲用來祭祀的食物需保持聖潔。

巴掌大又扁平的紅龜粿，客家人稱爲「紅粄」，和所有粿的前置作業一樣，將熟的粿黼與生的粿粞一起揉壓混合，不斷增加黏性與口感韌度。加入「紅花米」於米糰中，將其染成喜氣的紅色，以粿模印上龜形的圖樣後再蒸熟。「紅花米」是早期用來當作食物染料的一種菊科植物，現在多以紅色食用色素六號取代。

● 製作紅龜粿的粿模沒有固定形式，內餡口味從甜到鹹都有，最讓老人家懷念的就是帶有薑味的鹹豆餡，有人用綠豆、黃豆、花豆，甚至膨風豆做成的「鹹龜粿」，都是阿嬤的滋味。

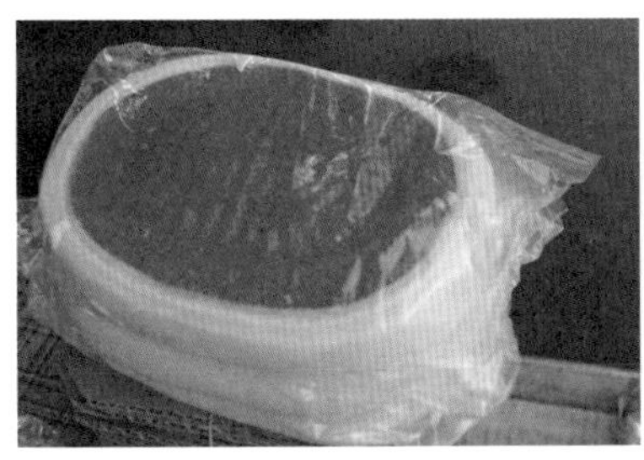

● （左圖）在過去的農業社會裡，只有家中添男丁才會打龜粄，又稱爲「新丁粄」。

● （右圖）近年來，隨著性平意識抬頭，開始出現代表生女孩的桃粄，又稱「千金粄」，表示生男生女一樣好～

各地方的紅龜粿樣貌與寓意

客家人製作「紅粄」時的習俗，依族群分布而有所不同。苗栗客家人的紅粄，使用的粄粞爲糯米和蓬萊米（比例4：1），大多選在農曆十月十五日，搭配「還福祭」來拜神，做滿一斤稱爲「新丁粄」，因爲「添丁」跟「收成」的意義相近，選在秋收之際還福，感謝神明保祐五穀豐收、家中人丁興旺。東勢人不僅在每年元宵節製作新丁粄，更熱衷於「鬥粄」，也就是新丁粄的比賽。美濃客家人的紅粄仔則是在白色米糰上塗上紅粄帶。

包甜餡的紅粄通常都是直接吃，但「新丁粄」不包餡也沒有調味，傳統吃法是切成長條，再用油煎或油炸，沾蒜頭辣椒油膏或撒些鹽水，成品外皮酥香，有點像年糕口感，非常特別。

用糯米製成長條形的「丁仔粿」，則顚覆了一般人對於「紅粄」是龜形的印象，通常在南台灣比較少看到，鹿港、南投、草屯最多，或是新北市三芝地區。「丁仔粿」外型很像男性生殖器，這源自於早期農業社會，每當家有喜事時或添丁時要跟上天及祖先祈求平安，就會做丁仔粿。

有別於米做的紅龜粿，也有用麵粉做的，叫「紅麵龜」。過往麵粉廠紛紛設立的時期，政府鼓勵人民吃麵食，「紅麵龜」的製作應運而生。傳統做法是，用紅色麵皮包覆白色麵皮（稱爲金包銀），後來改用刷或噴的方式，比較薄又較爲平均，可代替紅龜粿、鳳片龜等敬神之用，並解決米製的「粿」不能久放的困擾。

●（左上圖）用糯米搓成長條再染上紅色，做成丁仔粿，有著添丁和發財之意。●（左下圖）用麥芽糖加花生粉製作的花生龜，不僅是供品也是點心！●（右圖）用麵粉做的「紅麵龜」。

食譜

Cooking at home

如果想在家做紅龜粿！

Ingrdients

食材

糯米粉 300 克
水 240 毫升
食用紅色素 適量
紅豆粒餡 200 克

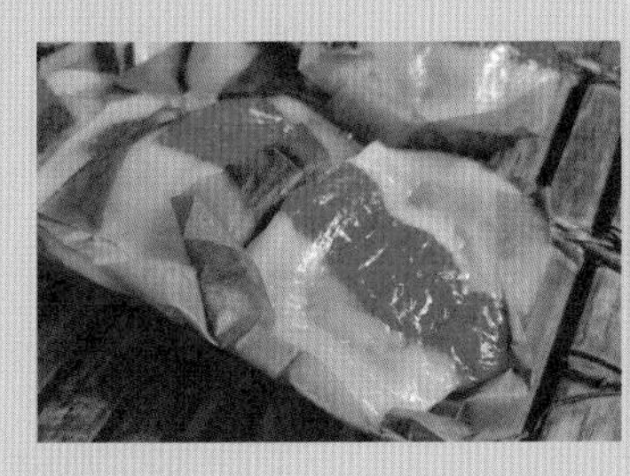

Methods

做法

1. 紅豆粒餡分成 10 等份，備用。
2. 糯米粉放入大碗中，緩慢加水攪拌均勻，揉成團狀。
3. 取一部份，放入沸水鍋中煮熟，撈起後與糯米糰揉勻，並分割成 10 等份，取 1 等份染成紅色，備用。
4. 取白色糯米糰包入紅豆餡收口捏合，紅色米糰取部份搓成細條狀。
5. 將紅色糯米糰置於模型中間，再放入有包紅豆的白色米糰，按壓後取出，以粿葉紙墊底。
6. 放入蒸籠，以大火蒸 30 分鐘，過程中每 5 分鐘掀蓋一次，讓蒸氣散去，避免過度膨脹而變形。

金門的紅龜粿

塗仁粿

011

以前金門傳統的龜粿皮跟台灣一樣都是用紅花米染成紅色，後來因為紅花米（桃紅色鹽基性色素）有食安考量，才改用微量的紅色食用色素六號來取代，演變成現在的粉色少女風，一般常看到沒染紅的黃色粿皮是糯米粉加上蒸熟的番薯塊揉製而成。塗仁粿除了拿來敬神祭拜，有些生命禮俗亦能使用。比如民俗節慶中的「天公生」要做「天公粿」，上元節（元宵節）乞龜要用「紅粿」，中秋節則是為了祈求小孩平安長大，會做成「九豬十六羊」來祭拜月娘媽。如果家有新生兒、喜慶活動、慶祝長輩生日時，也可當成贈禮，可說是和金門人的一生密切相連。

一般來說，塗仁粿大多做成甜口味（包豆沙餡或花生糖粉），但隨著時代轉變，祭品逐漸變得多元，鹹的口味就慢慢地消失了。澎湖二崁的傳統粿食也有塗仁粿，餡料則是使用西嶼盛產的澎湖花生混合白糖。

● （左圖）將塗仁粿染色後的「紅粿」是金門具有吉祥寓意的糕粿，常在喜慶的場合出現，是粉嫩可愛的顏色。● （右圖）做粿用的模具有多種形狀變化和寓意，比如狀元遊街（人物紋）、各種動物紋、瓜果紋、等。

塗仁粿的習俗細節

在金門，塗仁粿（紅粿）有些習俗與禁忌得遵守，比如小孩滿周歲、幫長輩做壽或贈送親友的紅粿要用盤子裝，而且是雙數，拿到紅粿者要在盤裡放豆子，任何豆類皆可，稱爲「壓豆」，接著說句吉祥話祝福對方長命百歲。因此，最後盤子裡就會留下不同大小、種類和顏色的豆子，可以拿來煮八寶粥食用，或是分類成種子使用。

拜天公生的塗仁粿也以雙數爲吉，需有「天公圓」、「紅龜」這兩種，其餘形狀則有桃子、錢、豬、羊、魚等，或是文字紋、花草紋，以及人物紋的「狀元遊街」。有別於一般的花生糖餡，天公圓與紅龜是包綠豆沙的，其中天公圓一定用綠豆沙，如此蒸熟後才不會扁塌。中秋節製作的塗仁粿則要做成豬、羊形狀，而且是「九豬十六羊」的數字，代表在秋收時節感謝天地，祈求來年也能有五穀豐收且六畜興旺的福氣。

如果想在家做塗仁粿！

Ingrdients

食材

【粿皮】
糯米粉 500 克
地瓜 500 克

【內餡】
花生粉 225 克
二砂糖 225 克

Methods

做法

1. 洗淨地瓜，去皮切塊，放入滾水鍋中煮熟後撈起，放入大碗，地瓜水留著。
2. 壓碎地瓜，倒入糯米粉揉和，緩緩加入地瓜水 200 克，揉至光滑的團狀，分割成 15 等份，備用。
3. 花生粉和二砂糖混合均勻，備用。
4. 取一個粉糰填入 30 克內餡，收口捏合後壓入粿模。
5. 輕敲桌面，讓塗仁粿自動掉落，放在烘焙紙上。
6. 放入蒸籠，以大火蒸 15 分鐘即可。

夏天最暢銷的金門點心

豆包仔粿

在金門市場裡，常見到一種外觀爲白色或紅色的圓餅狀點心，稱爲「豆包仔粿」、「豆包粿」。在廈門亦有類似食物，甚至連一些福建移民的東南亞地區也能看得到，只是名稱略有不同，如打巴仔粿、豆包、馬義粿，這些名稱其實都是指豆包仔粿。「豆包仔粿」名稱的由來，主要跟它的餡料有關，早期口味主要有花生、紅豆兩種餡料，兩者台語都叫「豆」，所以就叫「豆包仔粿」。

最傳統的做法是將炸好的蔥頭混合綠豆、鹽、糖、胡椒粉，炒成甜中帶鹹又有點辣的「鹹餡」，墊在香蕉葉上，以慢火蒸熟，可惜的是，這種鹹餡的做法現已失傳。以往「豆包仔

012

粿」通常是自家製作然後挑擔叫賣，或寄放在糕餅攤上販售，也可以買來當早點，都是當日現買即食，在夏天最爲暢銷。

粿皮的部分主要用糯米漿與在來米漿，以 2：1 的比例混合，倒入模具中，先將底部粿皮蒸熟，開鍋蓋加入內餡，再倒入上半部的粉漿蒸熟。常見內餡有綠豆、紅豆、花生等餡料，綠豆清涼軟糯爽口，紅豆鬆軟綿密。粿皮味道像年糕，口感則像紅龜粿般 Q 軟黏滑。

爲了賣相好看及保持柔軟度，豆包仔粿還會蓋上小紅印以及塗上一層油，然後用塑膠袋裝起來。若表皮有些發硬，只要回蒸一下，即可恢復軟糯的彈性。塗抹在外表的油不能用新油喔，得使用過的「素油」，意指先炸過豆腐或地瓜、芋頭的熟油，才不會有種「臭油味」。

● 蒸製豆包仔粿需要兩次倒漿的工序，而且粉漿蒸製的時間要拿捏好，避免過熟或不熟的情況發生。

願祖先保佑後代富貴

草仔粿

013

相較於紅龜粿是紅色的，還有一種色澤爲暗綠的「草仔粿」，又稱爲「刺殼粿」，是清明掃墓時祭拜用的常見食物，希望祖先保佑子孫平安有財富，現已變成普遍可見的鄉土米製點心。在清代《重修福建臺灣府誌》中已有相關記載：「三月三日，採鼠麴草合米粉爲粿，以祀其先，謂之三月節。清明十日前後，各家祀祖掃墳……」。由此可知，在清代時便有用草仔粿祭祀祖先的習俗，但並不限定在清明節，福建移民中的漳州人多在農曆三月三日（俗稱三日節或三月節），而泉州人則是在清明節祭祖用。

清明節當天吃草仔粿、潤餅等冷食，這是源於寒食節的習俗。以往的農村社會中，在墓地附近放牛的牧童只要聽到鞭炮聲，便會圍攏過來。這是因爲家屬會將祭拜過的紅龜粿、麵粿分給他們，如果食物不夠分送，就以硬幣替代，這種現在已鮮少見到的習俗，叫做「揖墓粿」、又稱「乞墓粿」、「臆墓粿」。在經濟並不

●「草仔粿」又稱為「刺殼粿」，刺殼是一種植物。

● 以往清明節時，人們會以紅龜粿祭拜舊墳，感念祖先；以鼠麴草、艾草製成的草仔粿，則用於祭拜新墳，表達對親人的哀悼和思念。

富裕的時代，此習俗有布施貧童，爲先人累積冥福之意，也希望墓園附近的牧童不要惡作劇破壞墓園。80 年代後，台灣經濟起飛、民生普遍富裕，再加上產業轉型，「揖墓粿」的習俗已慢慢消失不見。

草仔粿的粿皮取材與時節也有關係，以往的人們認爲清明時期以藥草植物打粄和祭拜，有強健補身和趨邪避凶的作用，爲應景的藥用祭品。再加上台語的「粿」和「貴」同音，外型又與墳墓相似，所以草仔粿也被稱爲「陪墓粿」，有陪墓（掃墓的台語）後，請祖先保佑後代子孫富貴的涵義。

使用不同植物製作的草仔粿

製作草仔粿最常使用產期在二、三月的「鼠麴草」和三至五月的「艾草」，「鼠麴草」俗稱清明草(厝角草)，具有清涼、降火及利尿等功效，在各地都有機會見到利用鼠麴草製作的草仔粿販售。開黃花的是「鼠麴草」，開白花的則是「匙葉鼠麴草」，又稱「鼠麴舅」，客家人稱「白頭公草」。北部客家人用艾草做「艾粄」，用狗貼正草(戢菜)則叫「狗貼耳」粄。

● 鼠麴舅（左圖）和艾草（右圖）都是製作草仔粿常用的植物，開黃花的是「鼠麴草」，開白花的則是「匙葉鼠麴草」，又稱「鼠麴舅」，客家人稱「白頭公草」，是順應時節的食療智慧。

內埔人用鼠趜舅做的叫「白頭公粄」，「苧麻」也是一種會被用來作草仔粿的材料，常見於北海岸的萬里、金山、石門等地，高樹客家人則稱苧麻粄(粗葉粄)。將前文提及的植物嫩葉、花蕊取下，經洗淨燙煮、搓揉沖洗、去除異味後，切細再混入粄粞裡混合均勻，就成了淺綠色帶有甜味的粄皮；再用粄皮包入餡料，蒸熟後就是深綠色的「草仔粿」。

舖在粿底的粿葉也是一門學問喔！可不是所有植物都適合，得要耐蒸耐熱。一般會以容易採集的柚子葉、月桃葉、孟竹葉、假酸漿、香蕉葉與黃槿葉爲主，經高溫蒸氣，或多或少都會在粿皮上留下些許香氣，這也是相較於其他粿類米食獨特的地方。

在南投、彰化常見的「包仔粿」

在南投、彰化盛行的「包仔粿」也是草仔粿的一種，主要使用「雞屎藤」這個植物，據說能鎮咳收斂、消食化積、袪風活血。但雞屎藤有種特殊氣味，現今除了能嚐到鼠麴草口味的包仔粿之外，雞屎藤口味的已不多見了。有別一般底部墊葉套塑膠袋包裝的草仔粿，這種用「乾香蕉葉」包裹住的包仔粿，眞的很有環保觀念呢！至於爲什麼用乾的香蕉葉？因爲使用綠色香蕉葉包粿時，葉片的紋路容易破裂，導致蒸煮時粿會溢出葉子外頭，所以要將「乾的香蕉葉」泡軟再使用，同時也是讓包仔粿散發鄉野風味的主要素材。

一般做包仔粿的內餡有甜跟鹹兩種口味的花生；甜口味花生必須碾成粉狀，加入砂糖拌勻，而鹹口味花生則是壓碎成半顆粒狀，再加入豬肉末、調味料炒熟。

● 用「乾的香蕉葉」泡軟再包餡料，好讓包仔粿散發鄉野風味。

馬祖祭祀神明的甜點

龜桃

龜桃又稱「龜粿」，外型看起來不是像龜的桃子，而是馬祖過年時期不可或缺的應景供品，取其龜長壽、討吉祥之意。由於在島上白米少見，地瓜才是主食。在立冬以後，地瓜會被儲放在地窖裡，而常年以地瓜入菜的馬祖人，自然延伸出各式食用變化。每當年節到了，便會取出窖藏地瓜，做成「龜桃」、地瓜餃、釀地瓜燒（地瓜酒）、炸地瓜餅等。

與紅龜粿非常相似的製作過程

當地人會將地瓜削皮切塊，煮熟後搗成泥，加入糯米粉或地瓜粉揉成軟硬適中的外皮。接著包入煮熟的糯米做爲內餡，後來也有延伸出包入紅豆泥以及地瓜籤炒糖的版本，再使用粿模壓出圖案，主要是過年期間祭祀神明之用，也算是

014

一種年節點心，龜桃的製作過程與金門的塗仁粿非常相似。用不完的地瓜外皮，通常會加點花生碎、鹹豬肉丁、芹菜，再捲成粗條狀的「老鼠仔」，或丸狀的「花生丸」，可以加在米粉湯裡當配料一起享用。馬祖人簡直把地瓜料理研究到極致，實在讓人佩服！

潮汕料理中的「飯桃粿」，也是過年過節常準備的拜拜用供品。道地飯桃粿的外皮一樣是糯米糰，但內餡則是「油飯」，油飯的做法與台灣古早味油飯的做法類似，當「龜桃」遇上「飯桃粿」，你會選哪一個呢？小孩才做選擇，我全都要！

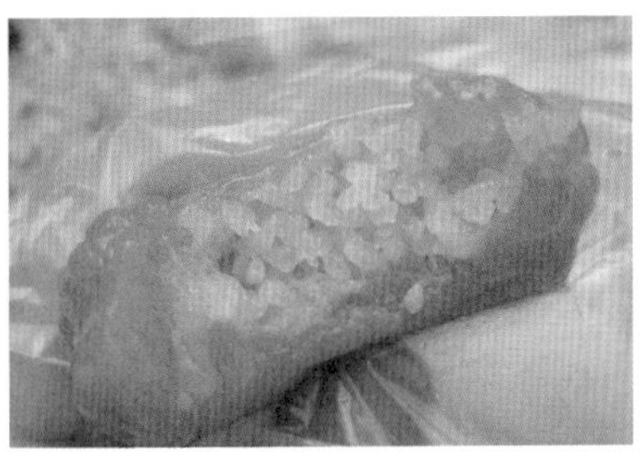

● 龜桃的內餡口味有鹹甜之分，鹹的是菜脯絲，而甜的是包著帶有顆粒的甜糯米。龜桃冷藏後會變硬，除了覆熱後直接食用，用煎的也非常好吃。

福
福

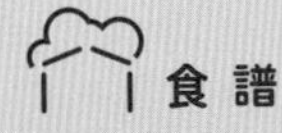

如果想在家做龜桃！

Ingrdients

食材

地瓜 600 克　　圓糯米 300 克
糯米粉 1000 ～ 1200 克　　白砂糖 30 克

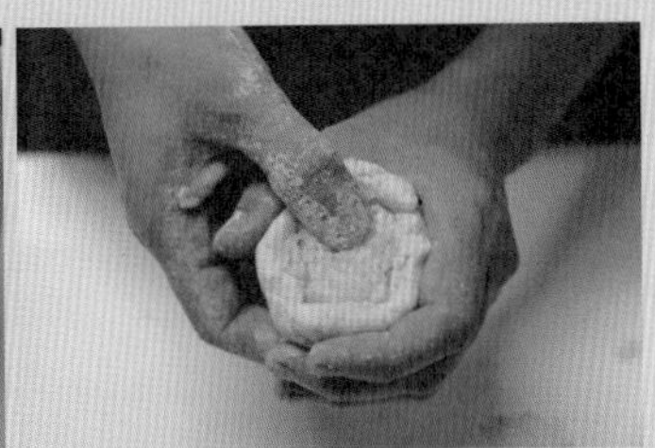
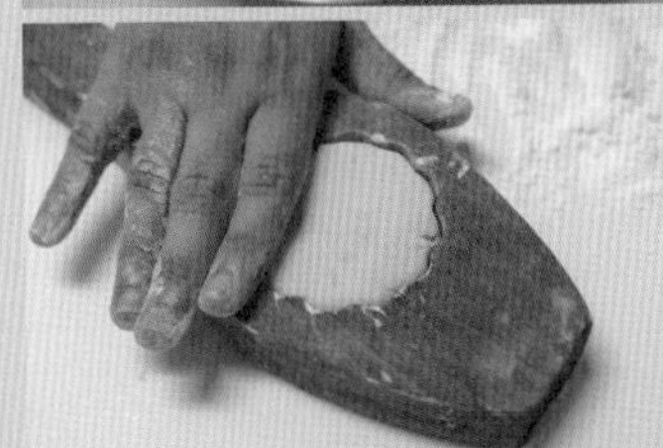
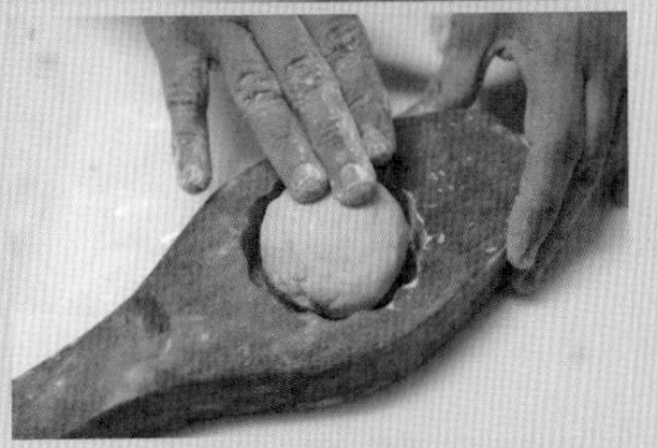

Methods

做法

1. 地瓜去皮後切塊，蒸熟備用。
2. 趁熱壓成泥狀，加入糯米粉揉成團狀。
3. 圓糯米泡水約 2 小時，蒸熟後取出，趁熱拌入白砂糖成內餡。
4. 將地瓜粉糰搓成長條，分成等份小塊，備用。
5. 包入拌好的熟糯米，收口捏合，放入模具壓實並印製圖案。
6. 以粿葉墊底，放入蒸籠，以大火蒸約 15 分鐘即可。

甜鹹冰熱都好吃

米苔目

015

米苔目源自於廣東的梅州大埔，後來傳至台灣及馬來西亞。閩南人通稱米苔目，而客家人稱為「米篩目」，是傳統農家常食用的米製點心。早期台灣種植的稻米品種多為在來米（秈米）居多，故以在來米為基礎發展出的米食不少，像是蘿蔔糕、碗糕、粄條、米粉等，「米苔目」也列居其中，反映出台灣早期的生活和飲食樣貌。

製作米苔目最饒富趣味之處，是在米篩目板上搓出米條，傳統以竹製米篩為主，篩目的「目」指的就是篩網上的孔洞，米糰在篩目上反覆輕搓後，順著孔洞竄出成形。因為製作過程如同篩米的動作，「篩」的台語讀音類似「台」音，才被稱為米苔目。由於搓出來的形狀兩頭尖尖，很像老鼠尾巴，所以馬來西亞人稱為「老鼠粉」，香港人則稱為「銀針粉」。

製作米苔目都會用「舊在來米」，因為在來米經過長時間陳放後，米中水分含量比較低，

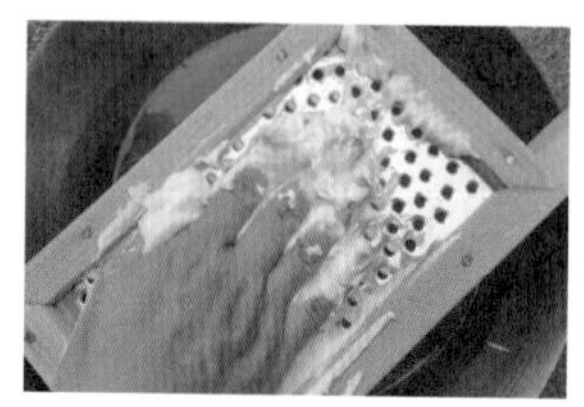

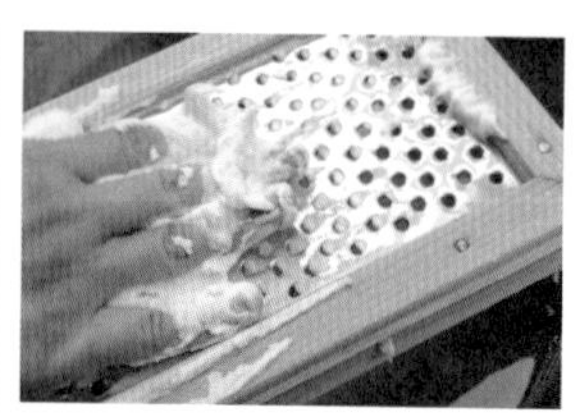

●（左上圖）市售常見的米苔目多爲長條狀，用手工搓出來的形狀則會兩頭尖尖，像老鼠尾巴。●（右上圖）傳統製作米篩目的器具，其中一種是鐵片材質，將米糰搓成短小條狀。●（右圖）直接擠壓成型的製作方式，比用「挫」的輕鬆許多，也不怕鍋子熱氣燙手。

適合拿來做米食加工品。若使用新米製作，其水分含量比較高，米糰放久後會增加黏性而黏成一團。許多家庭製作米漿時，會加入具黏稠特性的番薯粉或太白粉，可增加米苔目的長度和 Q 度，亦可幫助固定形狀。

早期社會的物資缺乏，人們爲秉持不浪費食物的原則，會將隔夜飯製成米苔目食用。農家在插秧與收割的時節，一天會有兩次休息時間提供點心，而米苔目就是田間勞動休息時間常吃的品項之一。米苔目本身沒什麼味道，形狀似麵非麵，無論是甜食、鹹食皆宜。淋上糖水是比較傳統的食用方法，坊間常見甜品有搭配冬瓜茶、綠豆湯食用，隨著刨冰機的出現，後來更演變成剉冰的配料。

增進鄰舍交流的「剉米苔目」

傳統製作米篩目的器具有好幾種形制，有用槓桿原理壓榨成條，也有採鐵片、瓢器鑽孔的方式。不過這些做法耗時又耗人力，現在多以機器直接擠壓成型。在台灣有些地區，家裡若舉辦嫁娶儀式，多半會在中午宴客，有時無法準時開桌，就會邀請住在附近的親戚鄰居來幫忙「剉米苔目」，並用大灶烹煮，讓遠到而來的親友先墊胃止餓，藉著「剉米苔目」，也讓左鄰右舍有敦親睦鄰、互相幫忙，增進情感交流的機會。

滇緬的特色美食「涼蝦」，同樣也是利用在來米爲原料，將煮好的米糊慢慢倒入漏瓢中，通過漏孔滴至涼水裡，即成「蝦」的模樣。透過篩目成形的米食，滇緬人認爲其外型因頭大尾細形似蝦，所以稱爲「涼蝦」，食用時放上碎冰、糖水，就成了入口即化的消暑小吃。

● 大家聽到「涼蝦」都以爲是跟蝦子有關的涼拌料理，其實它是滇緬人利用在來米製作而成的清涼小吃。

澎湖的祭拜用食物

雞母狗

016

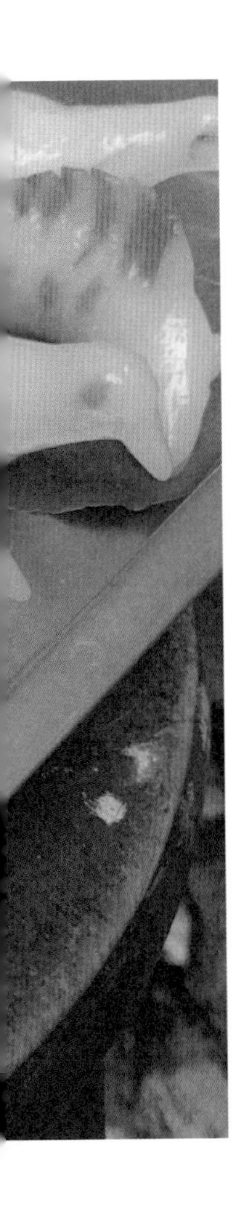

二十四節氣裡的最後一個節氣「冬至」，是先人們用來預測來年氣候的重要節氣，俗話說「冬節佇月頭，欲寒佇年兜，冬節佇月中，無寒佮無霜，冬節佇月尾，欲寒佇正二月」。澎湖人稱冬至為「冬節」，是很重要的民俗節日，在過往每逢冬節，家家戶戶會為了過節而忙，通常在當天有祭祖拜神等隆重活動，也有為了祭拜準備的應景食物，是小孩們期待的重要節日之一。

澎湖人過冬至必備食物

在澎湖，過冬至的傳統習俗有捏雞母狗、包菜繭（菜幹）、搓圓仔等。雞母狗和菜繭的外皮材料相似，做好後一同用蒸籠蒸熟；雞母狗是有各種造型，而菜繭像極了放大版的水餃，外觀與台南菜包、客家豬籠粄頗像。菜繭口味分成鹹、甜兩種，鹹的包高麗菜或筍絲、肉絲、蝦米等；甜的則是包炒過的花生碎與二砂糖相混為餡。

● 製作者會在雞母狗的表面妝點一些色彩，表示喜氣，唯獨豬的身上不能點顏色。

「雞母狗」是雞，還是狗？以前澎湖人不是出海捕魚，就是在自家附近飼養家畜，生活物資缺乏，雞鴨魚肉也不是人人都買得起，遇到節慶需要拜拜時，會利用菜繭剩餘的粉糰捏成「雞母狗」來當祭品，祈祐六畜興旺。「雞母狗」可捏成人偶、蔬果等形狀，動物造型有牛、羊、豬、魚、雞、鴨等，不論其形狀爲何，一律稱爲「雞母狗仔」。大小約一個雞蛋，還會點上紅色食用色素沾喜氣，唯獨「豬」不能妝點，因爲傳統俗諺說：「豬若點紅，查某綴別人」。

捏塑的習俗代表了不同涵義

爲了讓雞母狗定型，避免蒸後癱軟，不會用全糯米，而是用蓬萊或在來米，這也是爲何口感與一般軟糯的糯米皮不同的原因。「雞母狗」怎麼吃？通常會直接煮甜湯或加鹹粥一起煮。再傳統一點的人家，還會上市場指定要「補財庫」，補財庫中有三種不同造型的粉糰，圓球代表「圓滿」，圓餅狀代表「錢」，片狀中間有兩個凹洞代表「庫」，透過這些捏塑的習俗，能感受到澎湖人對於「冬至」有多重視。

將米糰捏成蓮霧狀，做出五個，然後以「四下 + 一上」的方式組合在一起，入鍋蒸熟，然後在每個突起的地方點上紅點，這就是「五腳圓」，又稱爲「天公圓」，製作過程很繁複。在澎湖以往的習俗中，家有嬰兒滿月時，除了用油飯及紅蛋供奉神明與祖先，還會請親友們吃「五腳圓」。此外，也用於玉皇大帝聖誕，向天公祈願祛邪、避災、賜福。民間相傳，「五腳圓」中央的「圓仔」，小孩不能吃，否則會「男生娶無某、女生嫁無尪」，所以只有大人可以吃喔。

澎湖還有一個七夕時的特殊供品——「七夕粿仔」(或稱糖渣糕仔、糖粿仔、貼粿仔)；在鹿港則稱爲「糖粿」。將直徑約六、七公分大小，看似牛汶水的圓形米糰(中間也有凹痕)，用蒸籠蒸熟，再佐以白糖或濃糖漿食用。若不想用七夕粿仔，也能用圓形食品代替，如麻糬、鳳梨酥、旺旺雪餅、光餅、蛋糕等，主要看家人的口味，但基本上以圓形爲主。

● 冬至祭祀時，除了雞母狗，代表補財庫的糯米製品也是冬至祭品的標配。而右圖的「五腳圓」又稱「天公圓」，外型很像蓮霧。

吃法超多變

年糕

017

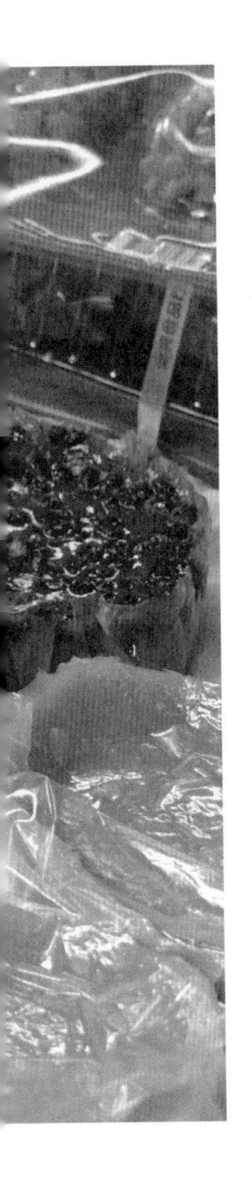

年糕是我們相當熟悉的米製品，客家人稱年糕爲「甜粄」、台語叫「甜粿」。相傳年糕最早的由來是在春秋時期，吳國大夫伍子胥把糯米粉蒸熟後壓成塊狀，埋入地底當成戰時儲糧，後來民衆在過年時都會製作這種塊狀的米食點心來感念他。人們吃年糕有著祝賀五穀豐登的意涵，而年糕與「年高」同音，代表希望年年高昇，因此有了過年必吃的習俗。在台灣，年糕多半呈現土黃色及較深的褐色，糕體顏色深淺和加入的糖種類有關，和日本常見的白色年糕完全不同；而造型多以圓形爲主，因爲過年時總希望全家人可以齊聚團圓。

在早期的農村社會裡，一般是經濟能力不錯的人家才有機會做年糕，家境比較貧乏的人較難吃得到。年糕與發糕相同，一旦做得很成功、形狀漂亮，代表整個家庭的運勢極好。所以炊粿時，老人家特別忌諱產婦、正逢生理期的女性靠近廚房，也絕對不能問何時可以起鍋？什麼時候可以吃？因爲可能導致整批年糕

● 將糯米漿倒入粿袋中綁緊，用扁擔重壓出水成爲生粉塊。

蒸不熟或粿體塌陷，一旦年糕沒做好、失敗了，就預表家裡的運勢不佳，即使到了現今，這些做年糕時的禁忌仍被遵守著。如果不小心在炊粿過程中遇到「觸霉頭」的事，以往長輩們會在家裡撒鹽米，或放艾草在蒸籠旁驅邪除穢；也有人放菜刀斬煞，或鎖門不讓外人進來。此外，在台灣傳統禮俗中，喪家不能炊粿及包粽子，必須要等人送才行。

「煡」年糕與柴燒年糕

年糕除了「蒸」之外，「煡」是另一種製作方式。所謂的「煡」是將砂糖揉進「粿粞」後所形成的米漿，一邊攪拌一邊隔水加熱來加強黏性，最後將糊狀物塑形並炊成粿，這種做法更黏，稱爲「煡甜粿」。

在高雄的美濃，年前限定的「柴燒年糕」很搶手，大家對於遵循傳統做法的客家口味總是念念不忘，柴燒年糕口感軟糯Q彈、炭香味撲鼻。除了做法講究之外，趨吉避凶的儀式也流傳至今，建好爐灶後掛上艾草，下鍋時撒米和鹽，然後蒸炊十五至二十四小時不等。由於時間長，一家人得分三班制，輪流看顧柴火，從白晝到黑夜不停煙燻，每小時不斷重複加水翻攪，時刻關注年糕質地和顏色變化，對於精神和體力都是極大的挑戰。

客家人在元宵節後五天的正月二十日，會以將年糕（甜粄）祭拜，有「補天」的含意。正月二十日是「天穿日」，來由與女媧補天的神話傳說有關。在以前，每逢天穿日，客家婦女都會煎甜粄，然後在上面插針線，再置於屋頂上，稱爲「補天穿」。煎炸過的甜粄有黏性，據說可以幫助女媧補天，這項「天穿日」的傳統在新竹、苗栗地區特別風行。

● 用鐵爐鐵鍋燒柴火蒸上十五到二十四小時的「柴燒年糕」，口感Q彈且炭香味撲鼻，製作者徒手抓一把剛好一碗，這番好功夫靠的是幾十年的老經驗。

既然蒸年糕禁忌那麼多，那就交給專業的師傅來就好。但我們從市場買回來的年糕該怎麼處理呢？這邊幫大家整理幾種最簡易的吃法。

吃法 1．炸年糕

把粿切塊，用餛飩皮包好再油炸，建議別切太厚，每塊 0.5 公分左右的口感最佳。外皮酥脆，裡面 Q 軟，散發著淡淡甜香，讓人一吃上癮。

吃法 2．蛋煎年糕

切塊後沾蛋液煎，吃起來多了一層蛋香，口感有點像蚵仔煎。

吃法 3 · 鹹甜年糕捲

包入香菜、餛飩皮後，用油鍋煎至上色，這是從婆婆身上學到的私房菜，香菜的味道能中和掉粿裡的甜味，有種特別的鹹甜感，不是香菜控的你，只能說和這道美味無緣囉！

吃法 4 · 年糕甜湯

紅豆年糕湯是日本人在冬天一定會吃的食物，切塊後加入紅豆湯裡煮，或將年糕烤至膨起再放入紅豆湯。補充一個小知識，與蒸蛋液一起蒸的年糕，口感會變得像剛搗好的一樣喔。

吃法 5 · 年糕鬆餅

將鬆餅粉調製成麵糊，倒入鬆餅機，再放上幾塊年糕當成Q心餡使用，是小孩會很愛的點心。如果懶得調製麵糊，也可以改用蔥油餅皮或蛋餅皮夾住，入鍋煎至兩面上色即可，就變成鹹點囉。

是點心也是供品

白糖粿

白糖粿常見於市場或夜市，做法是將糯米粉揉成團，扭轉成長條狀再下鍋油炸。待膨脹後起鍋，裹上白色糖粉（或混花生粉），因此稱「白糖粿」。彰化的「糯米炸」與白糖粿很像，都是將糯米糰油炸後再裹滿糖粉的甜點，趁熱吃外酥內軟。兩者不同在於，白糖粿是長條的，而糯米炸是直接把整團糯米弄成小塊小塊撥入油鍋，所以炸後呈現不規則狀。

很講究油品的白糖粿

一般傳統餅舖並不會製作白糖粿，反而是在大街小巷偶爾還可見到攤販在路旁擺攤，這道點心對於油品要求可是很有潔癖的，所以販售的攤位多半只賣白糖粿，若有兼賣其他產品，也必須是分開的油鍋，因爲炸了其他食物，再用來炸白糖粿，味道及顏色都會走樣。如果有此情況，那肯定不是專業！

018

白糖粿的由來已不可考，有人認爲是源自七夕用來祭拜七娘媽的「糖粿」。民俗專家林珠浦先生著的《台灣節序故事雜詠裡》寫道：「欲乞天孫巧賜將，節逢七日煮瓊漿；甘如蜜果庭前獻，幾碗陳米拜女郎。」「甘如蜜果」就是指「糖粿」，又稱軟粿或是碗圓仔，和湯圓很像，但外形扁圓、中間有小凹槽，油炸時會膨脹，炸熟後沾裹白糖粉與花生粉。相傳，凹槽是讓七娘媽裝眼淚用的，因爲她與牛郎一年一會，聚少離多必定淚汪汪。至今台南開隆宮「做十六」成年禮時，也會以白糖粿來祭祀七娘媽，既是點心也是祭祀供品。時至今日，各地用「糖粿」祭拜的習俗逐漸沒落，但開始有小販賣起白糖粿，爲了方便食用，才將形狀改成長條狀。

● 中部稱「糯米炸」，南部叫「白糖粿」，不僅名稱不同，連外觀也不一樣。

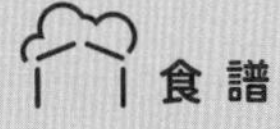

Cooking at home

如果想在家做白糖粿！

Ingrdients

食材

糯米粉 250 克
水 200 克
糖粉 100 克
花生粉 150 克

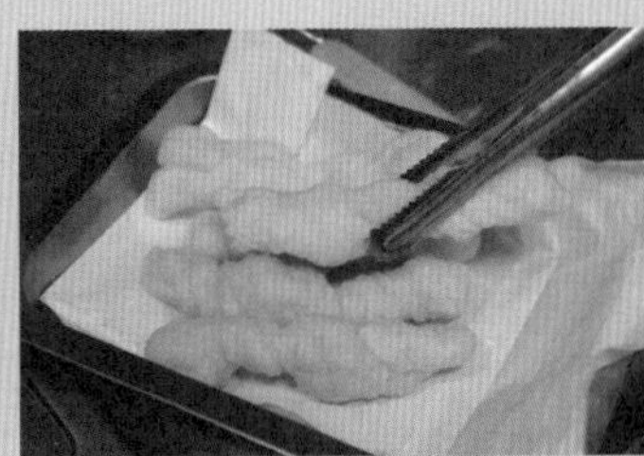

Methods

做法

1. 糯米粉加水，攪拌均勻並揉製成團狀。
2. 取一部份放入沸水中煮熟，撈起再與糯米糰揉勻。
3. 準備油鍋，油溫約 150℃。
4. 取適量米糰搓成長條狀後扭轉，放入油鍋。
5. 將糖粉與花生粉混合均勻，備用。
6. 取出炸好的白糖粿，每面沾上花生糖粉即可。

家有喜事棗知道

炸棗

019

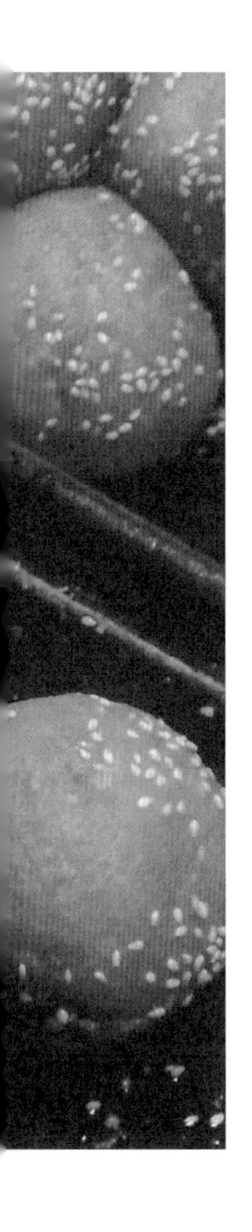

炸棗是源自中國福建同安的點心，在早年的澎湖有許多人來自福建同安，當他們遷徙到澎湖後，就把家鄉飲食文化帶到當地。老一輩的澎湖人都知道「吃炸棗、年年好」，因此吃炸棗有討吉祥之意。

炸棗外型像台灣人熟悉的芝麻球，小的直徑約五、六公分，大的約十公分，口感比芝麻球厚實。炸棗是澎湖人喜事時必備的傳統食品，比如新廟落成或新船下水或新居落成，以及農曆新年、清明節等，都要送親友分享喜氣，象徵圓滿，同時祈求幸福平安。

家有喜事送炸棗是澎湖特有的風俗習慣，如果有人詢問：「何時能吃到你的炸棗？」代表關心男性友人何時結婚。送炸棗的習俗是男方在結婚日需準備炸棗與供品，以祭告祖先，之後再把炸棗分送給眾親友們享用，在白沙是叫做「龜仔棗」。昔日的西嶼物資缺乏時，炸棗僅用少量糯米加上一般的米，並非純糯米製成，

● 澎湖早期盛產花生，因此炸棗餡料以碎花生粒爲主，外皮沾裹的芝麻粒是用來分辨口味的。

故炸棗放置兩三天後常會變得過硬、口感不佳。而在七美，炸棗的形狀、做法都與澎湖本島不同，不是油炸，而採用蒸的方式製作，同時也是女性婚後歸寧時，會送給男方的贈禮。

傳統的炸棗外皮是用糯米和地瓜做成的，但澎湖早期不產糯米，人們只好用地瓜當主要原料。後來交通開始便利，糯米取得變容易，才恢復傳統做法。炸棗餡料以紅豆、綠豆、花生等爲內餡，另一種則完全沒有包餡，可從外皮是否有芝麻來判斷。黑芝麻代表紅豆，白芝麻代表花生，黑白芝麻代表沒有包餡，不撒芝麻則是綠豆口味。剛炸好的炸棗口感類似地瓜球，外酥內軟，但要趁熱吃，冷掉後較油且口感硬。

炸棗跟男方家族「面子」有關

早年的澎湖人生活較辛苦，生活物資缺乏，唯有節慶典禮、辦喜事才有機會吃好東西，宴客的主人爲表心意，多希望賓客吃飽喝足，經濟能力不錯的家庭在辦喜事時，通常會額外準備約兩三百斤炸棗，但經濟能力有限的人則難以做到這些禮數。隨著時代演變，有些澎湖人結婚時會改送桂圓糕代替炸棗，因爲桂圓糕即使冷掉，口感也不受影響，更符合年輕一代的口味。

目前在澎湖還有做炸棗的店家已經不多了，其中湖西鄉的炸棗最出名。好吃的炸棗外脆內軟，而且不能炸焦或太油膩。難得的是，普遍以機器取代人工的現今，在湖西鄉做炸棗的師傅還是堅持以手工製作，每天清晨兩三點起床，一天做一兩百斤是很正常的事，生意好的時候，最多曾有一天做一千五百斤的驚人紀錄。

芝麻球

020

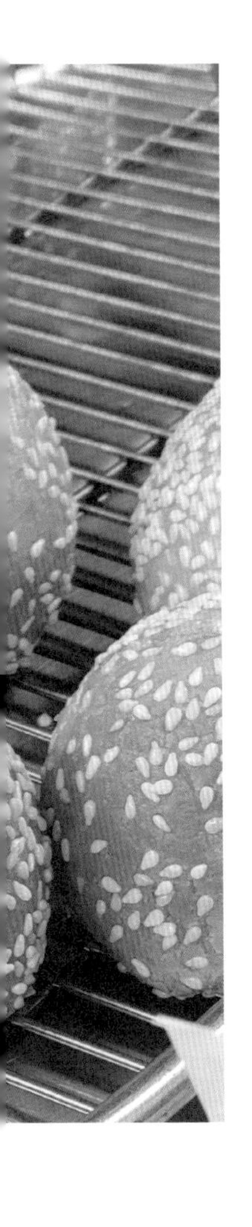

「芝麻球」又稱煎堆，是中國傳統油炸麵食的一種，起源可追溯至唐朝。煎堆（在當時叫「碌堆」）本來是長安的宮廷食物，中原人南遷之後，就把煎堆帶到南方，在廣東落地生根，成了著名的油炸點心。芝麻球的內餡通常以紅豆爲主，油炸包了餡的糯米粉團再沾上芝麻，也是香港、澳門常見的賀年食物，或出現在港式飲茶的菜單上。而在台灣，芝麻球不僅是庶民小吃，有時吃喜宴的場合也能看到出現在餐桌上。

和芝麻球長得很像的兄弟「燒馬蛋」，外觀就像沾了芝麻的巨無霸地瓜球，因爲都是糯米製品，故很常被混淆。雖然燒馬蛋跟芝麻球有點類似，但其實不同喔，燒馬蛋用地瓜加上糯米製作而成，而芝麻球是用全糯米。燒馬蛋的「馬」，是取其芝麻的「麻」諧音，因爲像蛋一樣，燒起來熱熱的，就從「燒麻蛋」演變成「燒馬蛋」了。

●「油錐仔」是客家特色點心，以往在過年期間才會有。

做燒馬蛋從包餡到搓圓全以手工製成，光靠一個攤子就可以養活一家人。小小的它，口感頗具爆發力，看似不起眼，卻不是很好做。使用鬆而不粉的台農 57 號地瓜做燒馬蛋最適合，將地瓜水煮至熟透後過篩，如此能讓米糰更細緻 Q 彈，這就是江湖一點訣。當滾燙的米糰遇上冷空氣，就成了圓滾滾的模樣，油炸時，必須一顆一顆擠壓再起鍋。燒馬蛋與澎湖的炸棗相反，炸棗冷卻後會皺縮，同時也和小巧地瓜球的口感迥然不同。

住北部的客家人在「天穿日」也會用芝麻球當祭品，稱爲「補天穿」，此種點心被叫做「油錐仔」，是富有客家特色的點心。從前的社會物資不豐富，通常只有過年才做，而現在則是越來越少人會做了，只有少數家庭仍然維持這種傳統，但不一定在天穿日，偶爾在除夕拜天公的時候，會和發粄一起出現在供桌上。

女媧的補天餅——「煎堆」

「煎堆」亦可寫成「煎䭔」，但明明是炸，哪來的煎？據《泉州府志·風俗》中記載：「端陽五月以米粉或麵和物於油內煎之，謂之堆。」在台南安平，用糯米粞與紅糖混合的「煎䭔」，是端午節用來取代粽子的煎餅類食物。因爲當地過去曾有很長一段時間不包粽子也不吃粽子，而是用外型樸素、製作費工的「煎鎚」來取代。西元 1661 年，鄭成功登陸安平與荷蘭人開戰，每天爲糧食所苦，當時的軍糧有限，民間存糧更是貧乏，居民常用番薯來充飢，那年端午節面臨無糧可包的窘境。爲了一解大家的思鄉之苦，鄭成功想到取代包粽子的方法，讓大家利用少數糯米混合蓬萊米、番薯和水打成漿，加上小魚、蝦米，做成煎鎚來代替粽子，來讓思鄉心切之士兵得以裹腹及過節。

隔年，鄭成功過世，當時依照民間傳俗，當家中有人逝世以後，會有三年內不包粽、改炊粿的傳統。因此鄭成功過世後，居民爲了感念國姓爺，就立下端午節不包粽子，改用「煎鎚」來悼念，沒想到延續了四百年。

煎鎚分成甜、鹹口味，鹹的包肉臊，鹹而不膩；甜的則是加入適量的糖和冬瓜糖、花生仁。因爲做工繁複又費時，慢慢地被大家遺忘了，又因民間口味轉變，傳統的煎鎚顯得清淡無味，有人便嘗試加入蔥、蚵仔等食材做變化。

● （左圖）鹿港煎堆可甜可鹹，做法跟傳統蛋餅差不多，就是把所有食材倒入熱鍋中，煎成圓扁的餅狀，可當成小點心吃。● （右圖）安平的煎鎚據說是蚵仔煎的前身。

傳統上，我們一般端午節用粽子祭祖，但鹿港人不一樣，端午節祭祖不用粽子。當鹿港人說別人「粽粽」，就代表這人沒有出息、貧窮，「粽粽」在鹿港的發音就跟「粽」的台語發音（tsàng）相同，因此鹿港人不拿粽子拜祖先，是當地流傳的習俗，但是拜神時仍會準備粽子喔！以往他們過端午節會用麵粉與糯米粉做「煎堆」，俗稱「煎粿」。

使用的材料很簡單，用麵粉和糯米粉摻水攪成漿，喜歡吃甜的就加糖，喜歡吃鹹的就加蛋、韭菜、豆芽菜、蔥、香菇。在鐵板煎台上放蚵仔、豆芽菜、蔥花再倒入調好的麵米漿，翻面幾次，屬於彰化鹿港端午節限定的特色小吃「煎堆」就完成了。外型有點像蚵仔煎，但更像韓式煎餅。吃煎堆代表著女媧補天，更祈求來年風調雨順。

Cooking at home

如果想在家做芝麻球！

Ingrdients

食材

白砂糖 40 克
水 120 克
糯米粉 80 克
澄粉 20 克
紅豆餡 180 克
（若不包餡，可省略）
糯米粉水 60 克
（糯米粉 15 克：水 40 克）
白芝麻 適量
炸油 適量

Methods

做法

1. 將水與白砂糖倒入鍋中，加熱煮滾。
2. 將糯米粉、澄粉混合，直接沖入做法 1 滾燙的糖水拌勻，再加適量糯米粉捏成團狀。
3. 將糯米糰及紅豆餡分成 13 等份，備用。
4. 包入紅豆餡，收口捏合後搓圓。
5. 外表先沾些許糯米粉水，再均勻沾上白芝麻。
6. 準備油鍋，以油溫 160℃炸至金黃色且浮起即可。

Tip ★

1. 澄粉可以降低筋性，避免油炸時膨脹力太強而裂開。
2. 糯米糰可以加入蒸熟的地瓜泥拌合使用。
3. 芝麻球浮起時，不要馬上起鍋，建議多炸約 30 秒，不停翻動或用大湯杓去壓，都可使其均勻受熱，較不易回縮扁塌。

象徵富貴的金條

寸棗

021

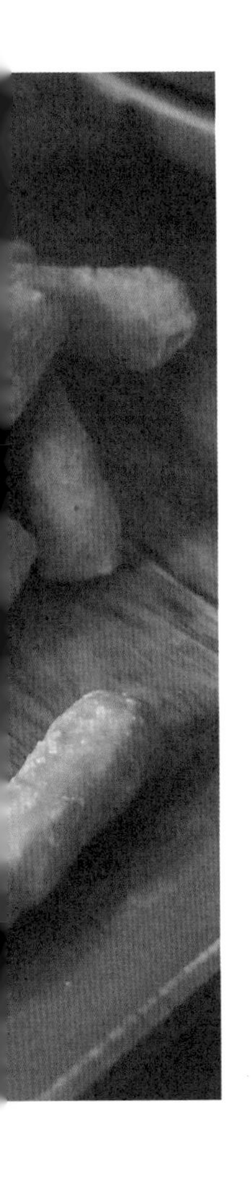

「寸棗」雖然有棗字，但是食材裡並沒有棗。寸棗源自閩南，一寸長的炸糯米條裹著糖漿與糖粉，又名「春棗」、「棗枝」、「江米條」，是帶有甜味的油炸點心，一般有米黃色和淺粉紅兩種顏色。在過年時，常和冬瓜條、生仁糖、糕仔等放一起，是年節時的點心拼盤。早年許多餅舖會自行製作生仁糖與寸棗，後來多委由專門做的業者生產。

寸棗外觀看起來就像「金條」，象徵富貴，不僅是相當討喜的零嘴，老一輩的人還賦予它「吃寸棗，年年好」的新年吉祥涵義，祈求新的一年順遂。奈良時期，寸棗這項點心傳入日本，在當時是貴族們很喜愛的高級零食，製作時會裹上黑糖，被稱爲「花林糖（かりんとう）」。但現今已改良成多種顏色和口味的精緻點心，製作用的主要原料是小麥粉、砂糖、鹽、小蘇打粉等。

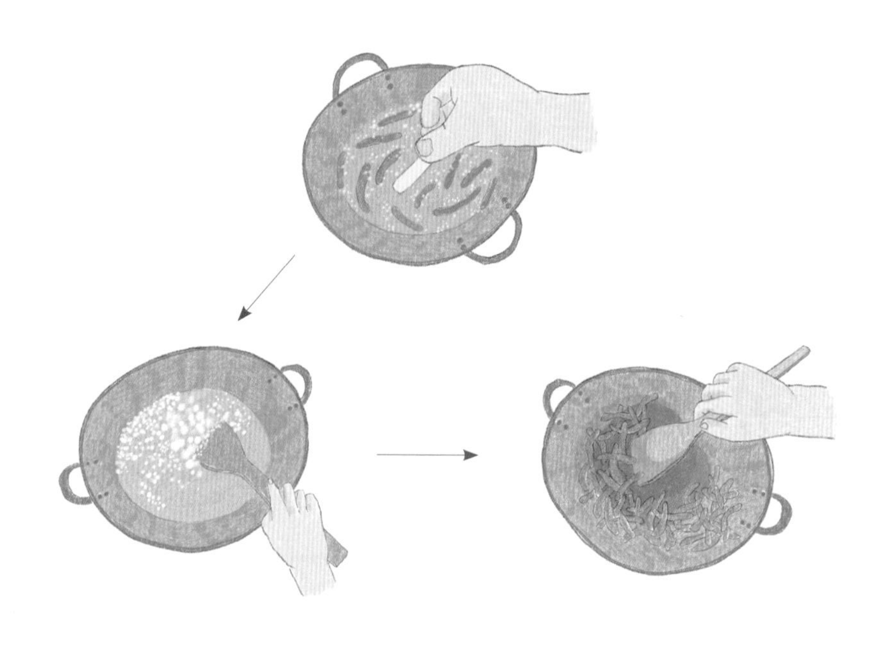

象徵喜氣的金門「寸棗糖」

在傳統禮俗中，舉辦婚禮時總愛以紅棗取諧音，來象徵早生貴子，同時也有「吃甜甜、生後生（台語：兒子）」的意涵。在不產紅棗的金門，交通不便，想取得紅棗並非易事，但結婚可是人生大事，總不能失禮，於是金門人想到以老麵發酵炸成粒狀，再用甜滋滋的麥芽糖裹覆，做成長方塊狀，取名爲「寸棗糖」、「寸棗酥」或「棗酥」，用來代替紅棗討喜氣。吃起來的口感雖然和沙琪瑪有點像，但沙琪瑪更蓬鬆一些，而且寸棗酥是做成一粒一粒相連，沙其瑪則做成短小條狀。

食譜

Cooking at home

如果想在家做寸棗！

Ingrdients

食材

糯米粉 100+50 克
麥芽糖 40 克
細砂糖 70 克
水 90+60 毫升
炸油適量

Methods

做法

1. 將 90 毫升的水及麥芽糖放入鍋中，加熱煮沸。
2. 倒入 100 克糯米粉，攪拌成團狀。
3. 冷卻後，加入剩下的 50 克糯米粉搓揉至光滑。
4. 將糯米糰擀開成片狀，厚約 0.5 公分。
5. 切成寬 0.5 公分 x 長 5 公分的條狀。
6. 在鍋中倒入油，將糯米條放入冷油中，以中小火慢炸。
7. 待膨脹浮起後，稍微翻攪以防止沾黏，炸至金黃撈起。
8. 將細砂糖和 60 毫升的水倒入炒鍋中，加熱至冒泡。
9. 放入炸好的糯米條，不停翻炒至水分收乾，細砂糖呈現反砂狀態。
10. 倒出來攤平，待冷卻變硬後密封保存，可冷藏 1 個月。

Tip ★

1. 米糰若太黏，可再添加少許糯米粉搓揉調整。
2. 若受潮後口感不脆，放入加熱至 100℃的烤箱中，烘烤 20 ～ 30 分鐘至脆硬即可。

聲音氣味雙饗

米香

滿足聲音和味蕾的米香

「砰！」的一聲，在空氣中散開的米香以及入口的甜蜜滋味，是早期農村社會中廣受大小朋友喜愛的點心。「磅米芳（pōng-bí-phang）」既是名詞也是動詞，1980 年是爆米香的極盛期，小販會巡迴到各地村落，進行「代工」。秋收後的農民有了稻米，便會等著爆米香的師傅踩著三輪車、敲著鑼到來，大家抱著裝好米的奶粉罐，排隊請師傅「磅米芳」，在那個年代，代爆一爐大約是一百元左右的工資。

師傅在打開滾筒前，會先吹哨子提醒大家把耳朵摀起來，並大喊：「要爆啊喔！」，接著把滾筒一開，高壓讓米粒瞬間膨脹爆出來，並且發出「砰！」的巨響，隨後師傅俐落地將爆熟的米粒與麥芽糖混合、壓平與切塊，彷彿是一場聲音與味道的 Live 秀。

● 米粒瞬間膨脹爆開的巨響聲，使許多人對爆米花印象深刻。（圖片提供：張淑玲）

用來爆氣香的炮筒型器具，是由日本人引進台灣

台灣人何時開始吃米香已不可考，把米加熱到膨脹有各種做法，如爆米香、炸米香、炒米香，準備一般煮飯用的米就可以做了。想在家裡做炒米香的方式是，先以乾鍋翻炒白米，倒入麥芽糖或糖漿，均勻拌合後入模定型。但製作爆米香就有限制，需使用金屬製的炮筒型器具，據說這器具可追溯於 1904 年在美國聖路易斯舉辦的世界博覽會，約莫從 1910 ～ 1920 年間由日本人引進台灣。

而炸米香是用熟米飯做的，而且米飯得先脫去水分，米飯受熱後也會炸開，但膨發程度比較小。無論是何種工法，都需要仰賴製作者經驗來判斷。膨發後的米香經研磨後，就是熟悉的「米仔麩」，台灣早期很多家庭買不起奶粉，便會買米麩代替，既營養又有飽足感！

● (上圖)膨發後的米香經研磨後，就是熟悉的「米仔麩」，是台灣早期的米奶粉。● (下圖)製作米香的原料有不同形態，米乾也是一種，用油炸成形的米香體積較小。

一般的「米香」都是以生米做材料，使用壓力爐加熱增壓至熟化後釋放壓力，米粒因減壓而膨脹，壓力氣體爆炸時會產生聲響，因此要在戶外操作。金門的「米香」則是以熟飯曬成的米乾爲材料，以熱油油炸後，再加入糖及麥芽糖黏合製成，「爆米香」咬起來比較蓬軟，而「炸米香」口感比較脆。

米香要成型，少不了麥芽糖或糖漿來輔助，除了爲米香增添甜味，更讓米香能乖乖黏在一起。在口味上，除了最常見的白米，或是白米加花生這兩種基本款，後期還演變出加入芝麻、瓜子、果乾、夏威夷豆，甚至是玉米片等食材，讓香氣、口感和營養價值都更豐富，尺寸也更加小巧，爲符合現代人吃零食點心的喜好。

香脆又金黃

客家炒米香

023

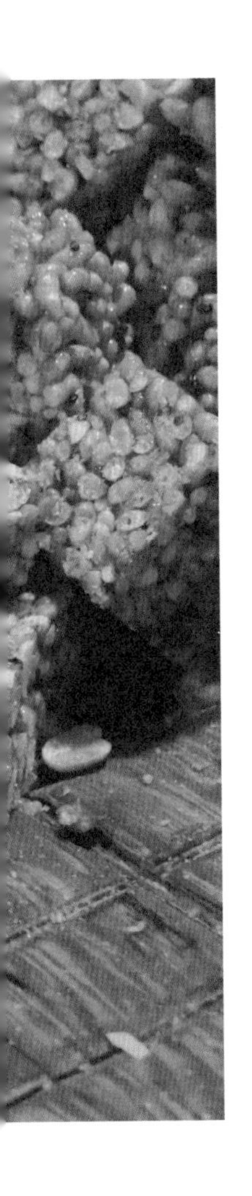

「一的炒米香，二的炒韭菜，三的強強滾，四的炒米粉。五的五將軍，六的六子孫，七的蚵仔飼麵線，八的講要分一半，九的九嬸婆，十的撞大鑼。打你千打你萬，打你一千零五萬，羞羞羞，袂見笑，猜輸毋甘願，玩輸起蝦龜，毋甘願起蝦龜，我欲來去投老師，投老師。」炒米香這首童謠相信是很多人童年的記憶，有多種不同版本，但內容差異不大。

「客家米仔」在中國稱作「符米」、「焩米」或「菩米」，其實是對「熟米」的稱呼，稻穀經熟製曬乾等多道工序而成，常被用來煲粥、炒成傳統爆米花（米香）。相傳在 1590 年，深諳醫理的廣東永安縣知縣陳榮祖，教客家庄的人們製作和進食以水「符」熟的糙米，讓長年在山林勞動工作的客家人吃了可以免受寒涼侵害，爾後便流傳開來。

炒米香使用的米必須先處理過，加水蒸煮至熟後再曬乾，才能在加熱時炒得香脆飽滿。

炒米香有很多禁忌，比如吹南風、參加喪事回來的人都不能炒，也不讓小孩看炒米香，怕小孩口無遮攔說錯話，米就炒不起來。

炒米香得用水分剛好的米

以前的人會取溪砂來炒米香，在鍋中加熱砂子到一定溫度後，再加入處理過的米拌炒。後來爲了食品安全，才改用熔點高的鹽巴來取代溪砂，在高溫下不會熔化，又能讓米粒均勻受熱炒出金黃色。師傅會用特製竹刷快手翻炒，把米粒和鹽粒混合均勻，爆出來的米香才會渾圓白淨、酥香又脆。米香的飽滿程度取決於米的含水量，太濕或太乾的米都沒辦法炒出好吃的米香。待米全部炒好之後，用網篩將沙子及太小的米香篩掉，沒炒開的小米香可以蒐集起來，當成擂茶用的玄米，或當作茶葉泡成「米仔茶」，既香又甘。

製作炒米香需要兩人以上同心協力，加上好默契，炒米、煮糖、混拌、切塊、包裝等工序才能一氣呵成。

製作講究，才能做出香脆炒米香

炒好的米香還要搭配甜度恰到好處、又不黏牙的糖漿才能黏著，將特定比例的水、麥芽糖、植物油、砂糖一同入鍋熬煮，再將糖漿、芝麻、花生倒入米香裡，經過快速拌炒，倒入木製的模具中壓模，擀平的力量要適中，因爲太輕會鬆開不成塊、太重會被壓碎，少了鬆脆口感，趁熱切塊後就完成香脆的炒米香了。

關於炒米香，還有另一種相似的做法，稱爲「炒米仔」，一樣來自客家庄，也被當作擂茶食材之一，以往農民上山工作時會帶著，可沖茶或泡水來果腹。製作之前，要先將生米脫去水分，變成乾燥熟米，因爲以前沒有冰箱，若碰上雨季就更不容易保存，乾燥熟米才不會被蟲蛀，是早期保存米糧的一種方式。與炒米香的做法有些許不同，製作炒米仔時沒有沙或鹽當介質，而是直接放在鍋中炒至金黃熟透。

● （左圖）將生米煮成飯後，再做成乾燥熟米，就是米乾。● （右圖）擂茶食材之一的「炒米仔」，不需要用沙或鹽當介質，直接放在鍋中炒至金黃熟透即可。

香甜鬆一次滿足

麻粩

「粩」爲台灣傳統點心，在大年初九天公生與中元普渡時，會放在供桌上的重要甜品，在鹿港俗稱「豬油粩」，通常與米粩、糖果、圓餅乾、牽子餅乾、鳳片糕一起供神，分別放入小碗中，合稱爲「六味」。重陽節祭祖也會拜麻粩，有長壽之意，俗語說「吃麻粩，吃得老老老」，除此之外也當成訂婚聘禮、宴客贈禮之用。「粩」的最外層是米粒或芝麻，中間爲麥芽糖，最裡面是蓬鬆的糯米糰，口感層次分明，入口可以同時享受香甜以及鬆鬆口感，後期又出現更多口味，如米粩、花生粩、杏仁粩等。

如何製作最重要的「米胚」？

「粩」最重要的核心便是在「米胚」，也就是以糯米跟狗

024

蹄芋製成粿乾，具有特殊黏性，炸起來的白色內裡會特別均勻、有如細絲交纏，其口感輕盈酥爽。油炸後，米胚膨脹成空心海綿體球狀或長圓狀，再均勻沾上麥芽糖漿與乾料。若糖漿裹得太厚，過甜會生硬；太薄，外層則不易滾上沾黏住白色米乾或芝麻粒。

在坊間看到的一袋袋包好的「粩」，其實有個小心機。麻是金，米是銀，通常整包的麻米粩數量是麻粩多、米粩少，也有「賺多花少」的祝福意涵。不只酬神祭祖，拿麻粩來孝敬長輩時，有祝壽之意；或當成新娘歸寧時的禮品，則有祝福新人白頭偕老之意。

● （右圖）麻是金，米是銀，通常麻粩比較多，祝福親友賺多花少。●（下圖）製作麻粩，最重要的是米胚，以糯米跟狗蹄芋製成的粿乾油炸而成。

祈求凡事都發

發糕

025

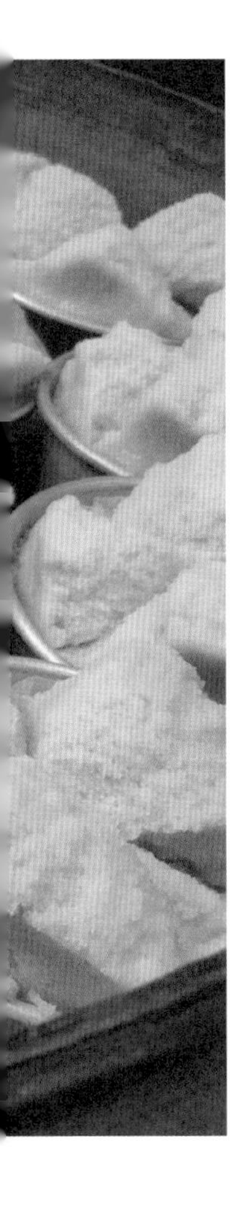

除了年糕之外，發糕（台語：發粿）也是年節歲時常見的米食，客家人習慣把發糕的裂痕稱爲「笑」，笑得越開，代表賺越多、福氣多，被視爲發財和發達的象徵，屬於好兆頭的吉祥糕點。不僅是過年時期祭祀用，在過往也有人也會帶著發糕到廟裡拜拜，爲了祈求財運跟事業都能大發。

臘月二十四日送神祭拜之後，人們便開始忙碌準備炊製各式應景的「粿」，年糕（年年高昇）、蘿蔔糕和發糕則是三大必備「炊粿」。發糕的材料是將在來米磨成粉後，再依比例配上少量麵粉、糖水、發粉混合均勻，倒入圓型碗中，用大火蒸熟。加熱膨脹後，糕面自然綻裂成數瓣，不僅漂亮好看，還有發大財的吉祥之意。

俗話說：「甜粿過年，發粿發錢」，以示大發好運，富貴發財。老一輩認爲發粿代表財富，也象徵了家族來年運勢，爲使發粿能順利

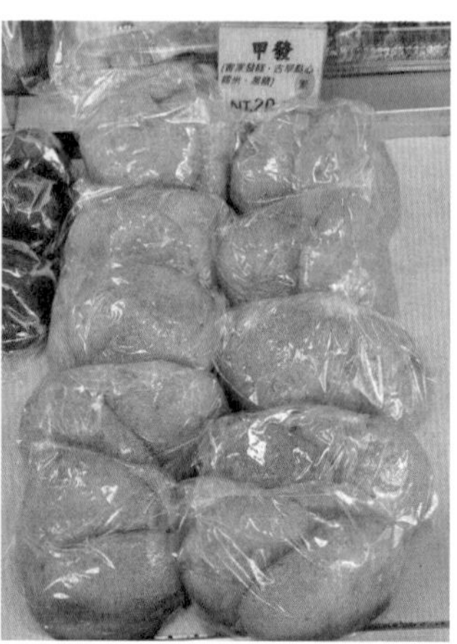

●（左圖）台南的發糕，多是白色成型，再塗抹上一圈紅圓，以示喜氣。●（右圖）海陸腔盛行的新竹、桃園一帶，在地客家人過年期間會做假喜仔（假柿仔），也是客家發粄（糕）的一種。需發酵過再蒸，表面平滑、裂口少，比發糕更甜更Q彈。

「發起來」，在早期製作的禁忌還不少，比如禁止孕婦觀看、禁止孩童進廚房亂講話、喪家不能靠近，甚至在蒸發粿的灶上放鹽巴去邪，都是爲了讓發粿順利綻裂。

發粿蒸熟後，表面便會凸起，如果隆起越凸越高，代表運勢越好。台語有句話說「歹運袂當做發粿」，難怪身邊的朋友沒有敢自己蒸發糕，深怕蒸失敗就觸了自己的「霉頭」，來年就不「發」了，乾脆直接買做好的市售品比較保險。

飯春花，是春仔花加上發糕

在過年期間，以往人們會把具有新年吉祥和慶祝意味的春仔花插在春飯、發粿上，又稱爲「飯春花」。按照民間習俗，除夕時要敬拜神明和祖先，供桌上會供奉著春飯和發粿，上面插著「飯春花」，寓意「飯有春」（台語，剩下夠用的意思），祈願大家年年有餘和發財如意。春飯得從除夕拜到初五，才會從神桌拿下來。早年大多數人都務農時，據說有人還會觀察春飯發黴程度，來推測當年雨水是豐沛或乾旱。

● 顏色鮮豔的春仔花插在發粿上，代表「飯有春」，祈願家庭、親友都能年年有餘。

Cooking at home

如果想在家做發糕！

Ingrdients

食材

水 360 克
細砂糖 120 克
在來米粉 200 克
低筋麵粉 80 克
泡打粉 8 克

Methods

做法

1. 在鍋中倒入水，加細砂糖拌到融化，再加入在來米粉、低筋麵粉拌勻。
2. 加入泡打粉，攪拌成糊狀，放置 10 分鐘，備用。
3. 在布丁杯裡放多個紙模，倒入米糊，需超過 9 分滿。
4. 放入蒸籠，以大火蒸 30 分鐘即可。

Tip ★

1. 若紙模較大，蒸的時間需延長。
2. 若使用無鋁泡打粉，要立即蒸；有加鋁泡打粉可靜置，但不能太久。
3. 蒸的火力要強，才會裂得漂亮。

源自琉球的糕餅做法

黑糖糕

說到黑糖糕就會聯想到澎湖，去過澎湖的人一定會帶幾盒回台灣。以黑糖製作的黑糖糕，算是發糕的遠房親戚，口感比一般蛋糕更Q彈紮實，充滿濃郁的黑糖香。奇怪的是，澎湖本地不生產黑糖，那黑糖糕從何而來？又爲何會成爲黑糖糕界的LV呢？這就要追溯到日治時期，與遷居澎湖的琉球人有關。

最早的黑糖糕其實是圓形！？

日治時期，有位馬公人陳克昌在日人開設的水月堂餅店當學徒，當時向琉球師傅丸八學習製作琉球粿的技術。日治時期結束後便自行開業，融合傳統和日式糕餅的做法，改良出風靡全台的黑糖糕，因爲屬於發酵糕點，又稱發糕。澎湖人在慶典節日時爲求好運發，常用黑糖糕來祭拜神明。最早的黑糖糕是將材料放入碗中蒸熟，所以形狀是小小、圓圓的。雖然說是發糕，但外觀看起來一點也不「發」，至今望安還保留著傳統造型的黑糖糕。台灣光復後，才有論斤兩的大片圓形模樣。由於它的名聲逐

● 最早的黑糖糕形狀是小小、圓圓的，跟拜拜用的發糕相同，爲了方便攜帶，後來才從圓形改爲現在看到的方形黑糖糕。

漸傳到了台灣本島，爲了方便攜帶，才從圓形改爲現在常見的方形黑糖糕。在還沒有方型蒸爐時，只是將圓形糕體切成方形裝盒，糕邊拿來零賣。直到民國八十年左右，才有業者改良成方塊狀。

在未添加任何化學色素下，黑糖糕呈現的應該是自然的黑糖原色和濃郁黑糖香，糕體內部則有著大小不一的孔洞。雖然承襲沖繩糕餅師傅技術的老店至今尚在，但形狀、大小改變了，連原料也已改良過。細看現今澎湖黑糖糕的成分以麵粉製作居多，有些爲增加Q度，會適量添加樹薯粉、米粉，如此放久了也不會硬掉，這就是爲何黑糖糕被歸類在此章節「米製點心」的原因。

黑糖糕在不同族群有不同的名字，閩南人稱爲發粿（糕），客家稱爲「黑糖發粄」，也有方形和圓形呈現，如果裝在不同形狀的容器中，就會變成各式各樣的發粄。南庄北埔一帶所看到的黑糖發粄是圓餅狀，有別於常見的方形塊狀，口感軟Q帶點彈性，常見於休息站或老街販售。

Cooking at home

如果想在家做黑糖糕！

Ingrdients

食材

黑糖 150 克
溫水 300 克
低筋麵粉 100 克
在來米粉 100 克
泡打粉 12 克
地瓜粉 100 克
沙拉油 10 毫升
鹽 少許
蜂蜜 1 大匙
白芝麻 少許

（以上份量約做 8 顆，使用 52 公厘紙模）

Methods

做法

1. 用中火把黑糖炒到融化，加溫水攪拌均勻至無顆粒。
2. 過篩泡打粉、中筋麵粉，與地瓜粉、少許鹽一同加入做法 1 的黑糖水，拌至無粉粒狀。
3. 加入蜂蜜、沙拉油拌勻，靜置 10 分鐘。
4. 在紙模內抹少許油（份量外），倒入麵米糊，以大火蒸 30 分鐘，用筷子確認無沾黏即可。
5. 趁熱撒上白芝麻，加蓋稍燜一下再取出放涼。

Tip ★

1. 可用低筋麵粉取代在來米粉。
2. 炒黑糖需注意火候，不可有焦味。
3. 泡打粉的效期會影響發酵程度，使用時請留意。

Q 黏彈牙香甜

狀元糕

狀元糕的由來有好幾種說法，其中一個是唐朝時有位窮秀才進京趕考，中途盤纏用盡，他想在落腳的客棧做點什麼來賣錢，於是磨米蒸熟後裝入竹筒，蒸成糕點，竟意外受到微服出巡的唐明皇喜愛。唐明皇爲了尋找這位窮秀才，就想了個考題，同時要求秀才們試做糕點，沒想到眞讓唐明皇找到他，不僅欽點他爲狀元，還將他做的糕點賜名「狀元糕」，自此流傳後世。隨著唐山過台灣，這個點心傳到早期繁榮發展的一府、二鹿、三艋舺，因爲是以竹筒爲容器，以兩重入餡加上灌熱氣蒸，在當時又被稱爲竹筒糕、重重糕、蒸蒸糕。

使用蓬萊米更 Q 黏有彈性、吃來香甜

原本的狀元糕主要以糯米及在來米製成，部分小攤販還會採用存放半年以上之舊米，各家有自己製作的講究之處及

027

配方。1922 年，日本人磯永吉成功培育出蓬萊米後，狀元糕的原料就改爲蓬萊米了，沒想到口感比在來米更濕潤有彈性，咀嚼起來很香甜。做狀元糕的流程看似簡單，其實暗藏許多眉角，尤其是米粉乾濕度的掌握。太濕會導致米粉沾黏模具，太乾則會無法吸收水分。

以往常見到製作者用攤車載著炊具，在街上現蒸現賣狀元糕。僅使用蓬萊米粉、花生糖粉、芝麻糖粉，於數分鐘內完成塡料、鋪餡、蒸熟、取糕等一連串動作。和傳統做發糕的原理一樣，靠的是大火，強大蒸氣一股作氣地蒸熟米粉，這樣的火候才能在瞬間數十秒間蒸出米香來，也因此在狀元糕的推車上，常可看到滿滿白色蒸氣直衝上天，成爲狀元糕的特殊招牌。在不同溫度下，狀元糕會有不同口感，剛出爐的狀元糕較鬆軟，放涼後的口感偏 Q 彈。

● 製作狀元糕時，需仰賴高熱蒸氣，所以蒸熟的速度很快，從製作到完成大概只要 30 秒左右，整個過程很有節奏感。

用新米才能做

茯苓糕

茯苓糕是以前有錢人家當零嘴享用的糕餅，然而普通家庭只在家人生病或特殊狀況時才可能買來吃。茯苓具有退火的功效，在醫學未發達的年代，有不少家長把茯苓糕泡溫水給嬰兒喝，據說可以退腸火和治腹瀉，是一種日常食療。在台南，茯苓糕一直是很受歡迎的糕餅，清朝時期的台南就有一條茯苓糕街，一直到日治時期才逐漸沒落。

「茯苓」有暗喻「復明」之意，這個傳說的時空背景是明末清初，有位糕點店老闆，將自己的店面當成反清復明的秘密基地，不時蒸製夾帶紙條的「復明糕」分送給相關人士，收到的人再依照紙條指示行動。因爲糕點中含有中藥材「茯苓」，且「復明」與「茯苓」發音相近，因此改稱茯苓糕。

茯苓常用於製作四神湯或八珍湯，早期的茯苓糕只用中藥和米蒸煮，質地密實，吃的時候不小心會「哽喉」，所以後

來就添加餡料，如紅豆、綠豆等，以紅豆最常用，因爲紅豆也是「去濕氣」的好食材，用來搭配茯苓最適合不過。

只能用含水量高的新米製作

蓬萊米是做茯苓糕的主要原料，得講究使用含水量高的新米，清洗浸泡後脫水風乾，再研磨成粉狀才能使用。其中，最難的部分是水分掌控，粉的乾濕程度既要能成形，又不能太乾。早期的製粉工作非常辛苦，一定要以臼打過的糯米粉加入茯苓，並以炭火爐或柴爐（灶）來蒸，口感才會最理想。

製作過程是先以白布鋪在蒸籠底部，倒入適量米粉鋪平，加上豆泥餡，用刮刀輕輕抹平後再次倒入米粉，用手背輕巧推平，並以木板壓實，接著畫出平行線，以大火蒸炊半小時，冷卻後即可定型。如此耗費人力與時間的製作過程，難怪在一般的糕餅店也很難吃得到。

● （左圖）白色片狀的茯苓是四神湯中健脾化濕的藥材，有利尿作用。
● （右圖）現今賣茯苓糕的小販已不多見。

樣式多變化

糕仔

029

大多數人會將「糕餅」二字混爲一談，其實「糕」與「餅」的原料、製程皆不同。以米製成的糕仔質乾鬆細、外型輕巧、耐保存，是早年農民到田裡工作吃的或外出遠行帶的食物，糕仔的強大吸水性甚至可以治療腹瀉。糕與「高」同音，是人們祈求「高」升發財的供品，藉由糕仔傳遞心意給神明。

隨著製法、口味、糕模長相的不同，糕仔衍生出多種款式圖案。在早期，糕仔模型有四獸，虎、豹、獅、象的圖案，後期陸續出現各式圖樣，或是福、壽、囍、財等文字，後來因應消費者需求，也將壽龜、壽圓及壽桃形狀的模具運用在製作糕仔上。

●（左圖）用紅紙包的鹹糕仔，又稱平安糕。●（右圖）在以前，綠豆糕也可以變成抽抽樂，是人們生活中的小確幸。

不同比例的油糖粉用量

粉、糖跟油是做糕仔的基本材料，雖然大多以熟粉製作，但是所用的米類澱粉（糯米粉、蓬萊米粉及在來米粉）不同，有時甚至需要混合幾種不同比例的澱粉調製而成，若以花生粉、芝麻粉、杏仁粉取代部份熟粉，則成爲不同風味的花生糕、芝麻糕及杏仁糕。在糖品運用上，一般使用糕仔糖、還糖或綿白糖來製作。而油的使用量是有彈性的，有些種類的糕仔用量較多，有些較少，甚至幾乎沒有，早期如果有使用油品，都以豬油爲主，使用量的多寡會直接影響到糕仔鬆軟度。

製作方法主要分兩種，一種是直接將熟粉與糕仔糖揉拌過篩，再以木模壓製成形，質地細緻、入口即化、甜度較高，如鹹糕仔、綠豆糕。另一種則是脫模後多一道蒸煮工序，口感比較 Q 彈扎實，質地較硬且耐存放，如「糕仔潤」。鹹糕仔常用於祭祀神明，一般用紅紙包裝，據說吃了可庇佑平安，故又稱「平安糕」。外層包上紅紙的叫作「糕仔包」，數個疊起爲一封（糕仔封），代表「步步高升」。糕仔要做得綿細好吃，需仰賴師傅的經驗與掌握溫濕度變化，才能使糕仔粉和配料緊密結合，做出眞正入口卽化的糕仔。

希望神明「吃甜甜」的糕仔粒

糕仔還有迷你版，叫作「糕仔粒」，每個直徑約兩至三公分，外型小巧可愛，有點像迷你版的泡澡錠，同樣用米粉摻糖混合，再以糕模壓製而成。其外型是模仿古時候使用的碎金碎銀，白色比喻金、紅色比喻銀，吃糕仔粒亦代表步步高升，爲祈求富貴與吉祥，通常會拿來拜天公。不少農家會做糕仔粒，在農曆十二月二十四日「送神」這天祭拜灶神，希望神明「呷甜甜」。在過往，零食、糖果都不太普遍的年代，也經常當成招待客人的甜點。

● 模仿古時碎金、碎銀造型的糕仔粒。

糕界的千金小姐

鳳眼糕

鹿港在清朝時期是三大貿易港口之一，繁盛的商業活動使得茶樓生意興盛起來，商人們宴客、文人們聚會佐茶總少不了各式糕點。有句諺語說「富過三代，方知飲食」，意指貴族們的飲食品味，不僅說明了鹿港傳統糕點爲何以精緻聞名的原因，也成了當地百年來的糕餅特色，其中又以「鳳眼糕」最具代表性。白淨的鳳眼糕外觀是圓滑半弧形，有如一對鳳眼般而得名，口感細緻到入口即化。相較於蒸製後顯得乾硬的「粗糕仔」，鳳眼糕既輕盈又易碎，難怪古時又被稱爲「幼（細）糕仔」，是糕仔界沒錢就碰不得的千金小姐。

使用「濕糖」讓糕體成形

清光緒年間，有位名叫「鄭槌」的糕餅師傅，在泉州學習製作鳳眼糕，後來他將手藝帶回台灣的鹿港。鳳眼糕的原料

僅以糯米粉加糖製作，首先將白砂糖放在通風處一至三個月不等，待其自然潮解成半固體狀，就是所謂的「濕糖」，再混合熟糯米粉，壓入鳳眼糕模子中成型。老一輩的人總說，以前的鳳眼糕吃起來涼涼的，就是使用濕糖的緣故，顯得格外爽口。日治時期，雅緻的鳳眼糕深受日本人的喜愛，還曾榮獲名譽金牌賞，文人雅士還藉此賦詩，以「柿粉（柿霜）」形容鳳眼糕的質地。

製作鳳眼糕時，師傅都要特別注意天氣變化，因爲鳳眼糕的原料很容易受到濕度影響而變硬，得要眼明手快，才能讓每一塊鳳眼糕的綿細口感都相同。此外，爲了怕受潮，還要用紙張小心地包起來，以保持鮮度。

● 鳳眼糕的製作不但受限於天候因素，也會受到壓製力道的影響。將白糖裝入大缸內，使其自然潮解成「濕糖」（右圖），是製作鳳眼糕重要的材料之一。

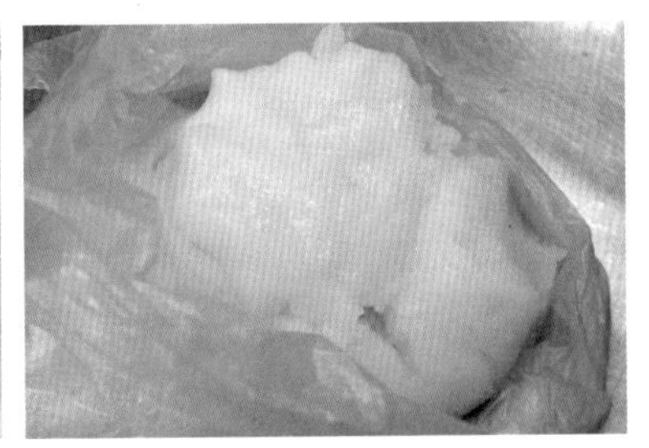

太陽星君的祭品

九豬十六羊

在祭拜太陽星君的祭品中，以「九豬十六羊」最爲特殊。台灣人對太陽星君的信仰，據說是在十七世紀隨著鄭成功傳入。早期的台南、台北、高雄都曾有此祭祀習俗，但現今還保留此習俗的，只剩台南和高雄了。在農曆三月十九日太陽星君生日這天，以糕餅製作的九隻豬、十六隻羊來祭拜的習俗，就稱爲「九豬十六羊」祭品，別小看這五個字，可是暗藏著許多玄機啊。

其實三月十九日並不是「太陽星君」的生日，而是明朝崇禎皇帝自縊殉國的日子，傳說後人爲了掩避清廷的耳目，藉由祭祀「太陽星君」來懷念明朝歷代皇帝。太陽光明的意象與「明」的國號相同，明朝的國姓「朱」和「豬」諧音，祭品中的「九豬」諧音則同「救朱」或「久朱」，「羊」則與「陽」同音，而「十六羊」象徵著紀念明朝自朱元璋至崇禎的十六位皇帝。

031

九豬十六羊的類型衆多且費時費工

「九豬十六羊」有鳳片糕、鹹糕、綠豆糕、麵粉酥、豆餡等類型，其中綠豆糕除了使用糖、熟糯米粉之外，有些店家還會加些磨好的綠豆粉，可以增加甜味。先將餡料壓一起、搓揉均勻，放入木製或錫製的九豬十六羊模具，尖嘴是羊，寬口則是豬，豬羊耳朵不一樣，也會在豬身塗上朱砂辨別。等待風乾半日，再以敲打方式將糕餅取出。若在敲打途中，糕餅不慎斷裂，就必須淘汰重做，因此製作過程既費時又費工。

以往製作九豬十六羊是爲了祭拜太陽星君，一般民衆也會自備祭品於在家祭祀太陽星君，但後來此習俗漸漸式微。在金門，他們拜太陽星君用的供品不太一樣，有些人家會用紅粿製作天公粿，當成「九豬十六羊」供品，於農曆八月十五中秋用來祭拜月娘媽。「九豬十六羊」取意豬（諸事順利）、羊（吉祥如意），以及保祐小孩平安之意，與台灣本島的風俗及做法極爲不同。

是粿不是糕

鳳片糕

由於台灣各地飲食文化的多元性，使得印模的糕粿因製作材料與技術不同而有所變化。舊時的農業社會每到年節，幾乎家家戶戶都會製作紅龜粿來祭祀神明和祖先，然而隨著時代進步，現已購買現成品替代自製紅龜粿，加上傳統的紅龜粿不耐保存，爲因應消費者習慣的改變，同時延長粿類食品保存期限，因此才有「鳳片糕」的產生。

鳳片龜堆疊，意謂著加倍奉還給神明「利息」

「鳳片糕」雖然名爲「糕」，但實際上爲粿類食品，形狀與外觀比較接近紅龜粿，不過做法與風味又與紅龜粿大不相同。雖然外型多變，除了部份餅舖會添加香蕉油製作外，一律不包餡是共同特色。傳統鳳片糕會切成方形的片狀，故有人以台語諧音稱爲方片糕、紅片糕、虹片糕、皇片糕、肪片糕以及豐聘糕，是民間常見的祭祀供品。爲祈求吉祥，通常做成

032

牛、羊、豬、三牲或五牲模型，有金屬模具就用模具，沒有模具的全靠師傅以手工塑形。有些還會在背上寫下如「風調雨順」、「國泰民安」、「闔家平安」等祈福字句。在廟會或元宵節「乞龜」活動中，常見到大大小小的鳳片龜堆疊，據說那些小烏龜是曾經來「乞龜」的信徒們加倍奉還的「利息」，模樣十分討喜可愛。

鳳片糕的主原料是炒熟的糯米粉（鳳片粉），再依比例混合熟粉、糖、水，加入少許香蕉油揉成團。剛完成的鳳片糕濕潤而黏，必須等水分自然揮發，糕體才會逐漸硬化，因此製作大鳳片必須配合時間，等待達到適當的軟硬度才能進行組裝。早年冰箱不普遍，爲了保存久一點，傳統糕餅都做得很甜，但材料純天然、無添加任何防腐劑，即使放一年都不會壞。而現代人較不嗜甜，且甜食取得較以往容易，因此現在的鳳片糕甜度大幅降低，但仍可存放一兩週。

● 將鳳片糕搓成長條狀後，再切成小塊就是「鳳片粒仔」，但一般不會特意做來賣，都要等到糕餅店有剩餘的鳳片料才吃得到。

澱粉類點心

萬用澱粉做點心，鹹甜皆宜

有句台語俗諺說：「番薯不怕落土爛，只求枝葉代代傳」，意指番薯生命力很強且根深蒂固，只要種下它就會生生不息，藉此比喻台灣人吃苦耐勞、根性強的精神。二戰後，台灣普遍物資缺乏，家家戶戶會把番薯刨成籤，曬乾後長期儲存。在當時，白米是昂貴主食，煮飯時以少量白米摻番薯籤，配些鹹魚、蘿蔔乾，一頓飯就打發了；除了當主食，番薯還能加工做成多種食品。

早期儲存番薯的方式除了曬乾外，就是用水洗虀（ㄐㄧ）成番薯粉，像是白肉品種的台農 14 號、台農 31 號，因水分少，澱粉含量高，特別適合拿來製粉。製造澱粉的工廠稱爲「粉間」。40 至 60 年

代是粉間（製粉工廠）發展的全盛時期，初期只有生產番薯粉，自東南亞國家引進樹薯後，才有樹薯粉的生產。不只番薯、樹薯可提煉出澱粉，舉凡馬鈴薯、粉薯（葛鬱金）、綠豆、玉米等，都是澱粉的主要來源。利用澱粉的特性可以製作出各種Q彈外皮，亦可調製餡料，或與其他粉料搭配，來調整粿粉團質地和口感。

由於製粉工廠的沒落，現今市售番薯粉大多被泰國或越南產的樹薯澱粉取代，純番薯粉極少。傳統番薯粉是粒狀、粉性較黏，而樹薯粉軟Q，台灣人普遍認為純番薯粉都是粒狀，而非粉狀。市售樹薯粉有粗、細之分，粗的跟番薯粉用法一樣，可當成炸物外層的麵衣，細的就是「台灣太白粉」，主要於料理勾芡時使用。至於「日本太白粉」又稱「片栗粉」，成分是馬鈴薯澱粉，其實不產自日本，只是因為日本人愛用這款粉類做點心和料理故稱之，也常被當成熟粉使用。熟粉是指不需要再加熱，可直接裹在熟食外面防沾黏的粉，常使用於製作麻糬、大福這類點心上。而跟澱粉類有相似功用的，還有將蕨根類曝曬後磨成的本蕨粉（わらび粉），市面上販售的大多與番薯或樹薯粉混合後販賣，並改稱為「蕨餅粉」。

● 右圖為樹薯（木薯），是製造味精的原料。左圖為粉薯（葛鬱金），是藥用植物，飲用粉薯粉水能清熱去火。

咀嚼系最愛

粉圓

粉圓可愛小巧的外形和QQ口感深受人們喜愛，可以當成甜湯和冰品配料，長相樸素的小小粉圓，帶動了「咀嚼系」的風潮，甚至紅到國外，在日韓或歐美國家都有粉圓愛好者。「粉圓」被台灣人暱稱爲「珍珠」，大顆一點則稱爲「波霸」，早期是以番薯粉（地瓜粉）製作而成。1960年之前，因爲地瓜品種的緣故，市面上的粉圓都是白色的，粉感明顯且口感較爲軟糯，是後期才出現褐色粉圓、黑咖色粉圓。隨著生產技術的進步，人們發現樹薯粉的結構性質與番薯粉很相近，且生產成本只有番薯粉的三分之一，後來粉圓大多改以樹薯粉製作。粉圓冷卻後，會開始失去彈性而變硬，所以烹煮後的四小時之內要賣完，避免口感變差。

小小一顆卻是學問大

以前的粉圓都是用手工造粒，隨著製作季節天氣、粉水比例、篩搖次數等因素都會影響粉圓的好壞，因此在製作工序中，人工搓揉和過篩是最考驗製作者技術的步驟。原理跟搖元

● 右上圖爲乾粉圓，右下圖則爲濕粉圓。

宵很像，先將番薯粉鋪在篩網上、表面灑些水滴，遇到水的地方會凝聚成粉球，然後繼續噴水搖晃、使番薯粉沾附在凝結粉球的表面，持續重複撒粉、補水、過篩，粉球逐漸越滾越大，做好的生粉圓煮過之後是透中帶點白的樣子。

市售粉圓外觀看起來都相似、但是製造方式和材料略有不同。濕粉圓水分含量較高，保存期限短，爲了耐存放，難免會加防腐劑，以利冷藏保存。看起來像是迷你版小饅頭的「乾粉圓」，水分含量較低，不用加防腐劑，即可常溫保存，但烹煮過程相對費時、耗能，尤其大顆粉圓的中心較不容易煮透。

● 山粉圓是「山香」的種子，長得跟黑芝麻差不多，遇水會膨脹三至四倍，外層呈現白色半透明狀，很像白色粉圓，故俗稱「山粉圓」，它熱量低又富含水溶性膳食纖維，有些店家會稱山粉圓爲「青蛙蛋」。

讓粉圓口感較佳的煮製技巧

煮粉圓時，有些小技巧能讓口感較佳，粉圓與水的比例是1：5。把水煮到滾沸後倒入粉圓攪拌均勻，待顆粒浮在水面上，此時調整爲中小火，大約煮十至十五分鐘。煮的過程中不用加蓋，但需要時不時開蓋翻攪，避免黏鍋，熄火後燜十至十五分鐘再撈出來，以冷開水沖掉多餘澱粉，即可使用。若是傳統粉圓，切記不能在冷水裡泡太久，否則粉圓吸足了水分又膨脹起來，變得又大又爛，口感就不好囉。

透明又 Q 彈

粉條

透明滑溜的澱粉類家族

「粉條」是甜湯、飲料或刨冰的常見配料，口感滑溜有彈性。依教育部國語辭典說明，粉條是用綠豆、白薯等製成的細條狀食品。粉條和米苔目同樣都是擠壓定型成條狀，依外表顏色來辨識，以澱粉製作的粉條，其成品較透明，而米苔目屬於米製品，是白色的。由於綠豆澱粉的直鏈澱粉比例較高，加熱後不像支鏈澱粉會糊化、產生黏性，若和米苔目相比，粉條更耐煮一些。

說到綠豆澱粉的製品，「粉絲（冬粉）」也屬於同個家族，但早期台灣社會沒有這種食品，是仰賴進口。中國的山東盛產綠豆，當地人製作成粉絲，透過「龍口港」輸出到國外，故統稱「龍口粉絲」，也輾轉進口到台灣。日本時代的「台日大辭典」裡提到：「中國山東省用綠豆粉做的麵條，又稱東粉」，

034

● 夏日時，在冰品或甜品中加粉條粉角，會增加飽足感和口感。

最初名稱是山東粉，後來簡稱「東粉」，又改稱爲「冬粉」。直到民國三十八年，有山東師傅將製作粉絲的技術帶進台灣，民間設立工廠後才出現在地製造的粉絲（冬粉）。綠豆、蠶豆、豌豆、樹薯、馬鈴薯都可拿來生產粉絲，但Q軟度與耐煮性會隨之不同，成品外觀顏色也不太一樣。「粉條」外觀比粉絲粗，若單以綠豆澱粉製作，煮製時間會耗費非常久，所以現今的粉條都以地瓜粉、樹薯粉或調和澱粉來製作，口感不僅保持透明Q彈外，還能縮短製作時間。

粉條的親戚——口感更Q彈的粉角

粉條還有另一個親戚——「粉角」，外層晶瑩剔透，裡頭是微微白色，Q彈口感也是咀嚼控愛的配料。製作方式是，將粉條材料的水量減少約70～75%，和粉料揉成不沾手的團狀，擀成片狀後，先切成0.5公分寬的長條，再切小丁，入鍋煮至浮起。剛煮好的粉角是白色的，冷卻後會變成半透明狀，搭配黑糖水和粉條，就是完美的雙拼甜湯啊！

食譜

Cooking at home

如果想在家做粉條！

Ingrdients

食材

地瓜粉 50 克
水 350 克
日本太白粉 80 克

Methods

做法

1. 將地瓜粉和水倒入鍋中，混合均勻。
2. 以小火加熱，開始變濃稠就可以離火。
3. 趁熱倒入太白粉拌勻，即爲粉漿。
4. 放涼後裝入擠花袋，剪出適當大小的缺口。
5. 擠入沸水中，長短隨個人喜好，煮至透明狀即可撈出。
6. 放入冰水冷卻後撈起瀝乾，搭配糖水食用。

Tip ★

1. 加熱粉漿時，必須是滑順可滴落的程度，比較好擠壓塑型。
2. 粉條不建議冷藏至隔天，口感會太 Q 硬。

食譜

Cooking at home

如果想在家做粉角！

Ingrdients

食材

地瓜粉 50 克
沸水 50 毫升
日本太白粉 40 克

Methods

做法

1. 地瓜粉倒入大碗中，沖入沸水，趁熱混合均勻。
2. 倒入太白粉，揉成光滑的團狀。
3. 取部份粉團擀成片狀，切成小丁，備用。
4. 煮一鍋水，沸騰後放入粉角丁，煮至膨脹浮起。
5. 以冷水降溫後撈起瀝乾，搭配糖水食用。

誘人食慾的黃色

粉粿

035

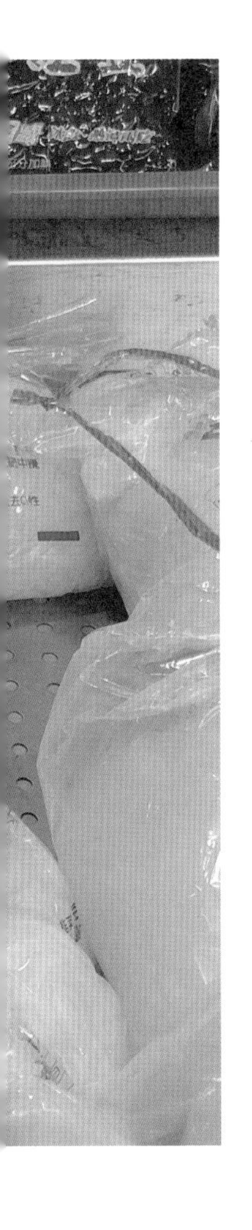

市售粉粿有著鮮豔的黃色，那其實是「山梔子果實」煮滾後的黃色汁液。山梔子可以染布，也能添加在食品中，比方日本料理和韓國料理中常見的醃漬黃蘿蔔，是安全的天然食用染料，也有人會直接以食用級的黃色四號人工色素取代（天然山梔子與食用色素呈現的黃色不同喔！）。粉粿可以當主角或配角，冷熱皆宜，是不少人兒時記憶中的古早味點心。市場上的攤販總會包好一袋一袋，有時候做成雙色（原味、黑糖、梔子）混搭，還貼心附上糖水，讓人忍不住邊走邊吃。

粉粿的製作方式是將滾燙開水慢慢沖入事先調好的粉漿裡，過程中一邊攪拌直到呈現透明糊狀，趁熱倒進容器，冷卻後切成塊狀，即可搭配糖水食用。還有一種做法是一鍋煮到底，先將粉漿調好，直接加熱至糊化，過程中得不斷攪拌，並隨時注意火候，粉漿變硬後會轉軟，直到表面發亮爲止。

●（上圖）Q彈的粉粿是台式甜品的常見配料，無論當主角或配角，都是傳統好滋味。●（下圖）粉粿的黃色是來自於植物「山梔子」的顏色，是中醫會使用的清熱藥材之一，早期也被當成天然染料，可以染布。

地瓜粉的好壞會影響粉粿成色

在早期的農村社會，人們習慣以純番薯粉（地瓜粉）來製作粉粿。番薯粉的好壞會影響成品，好的地瓜做出的地瓜粉顏色略紅，品質差的地瓜粉做出來的粉就比較白，深色地瓜粉做出來的成品偏土色，但質地較Q。但現在市售地瓜粉多爲大量進口的樹薯粉，粉的結構略有不同，另外也有粉粿的調和粉，或以天然蓮藕粉來製作。

● （左圖）加了鹼水（焿油）或鹼粉，就能做成 Q 彈的鹼粽。

● （下圖）使用蓬萊或在來米與鹼水製成的「焿仔粿」，是最適合夏季食用的粿品。在醫學不發達的年代，那時人們相信吃鹼仔粿可抑制胃酸，只可惜因爲製作費時，在市面上越來越少見。

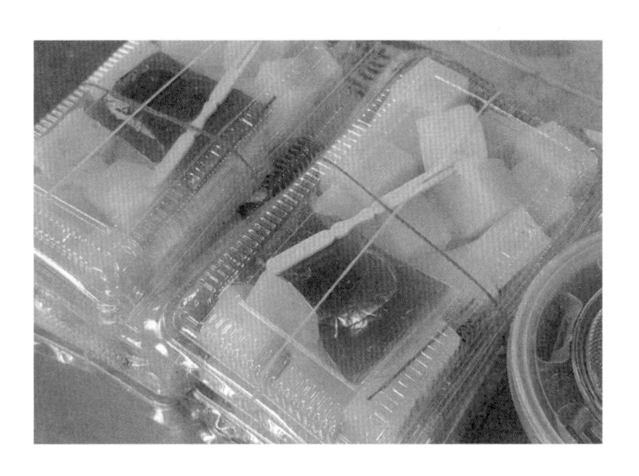

與粉粿很像的還有「焿仔粿」，主要使用在來米粉再混些樹薯粉，一樣以山梔子染色，不同之處是加了鹼水（焿油）或鹼粉，促使澱粉與蛋白質產生作用，可增加 Q 彈口感。在過往時期，家中種稻米的人們會將稻草梗燒成草木灰，製作成天然鹼水，再與浸泡過的糯米蒸煮，做成 QQ 的「鹼粽」，無論是鮮黃的粉粿或是琥珀色的鹼粽，都是祖先們傳承下來的飲食智慧。

Cooking at home

如果想在家做粉粿！

Ingrdients

食材

地瓜粉 170 克	山梔子 5 顆
日本太白粉 30 克	水 800 毫升

Methods

做法

1. 地瓜粉和太白粉混合於大碗中，倒入三分之一的水，拌成澱粉水，備用。
2. 將剩下三分之二的水與山梔子倒入鍋中，煮至沸騰出色後關火，過濾。
3. 隨即沖入做法 1 的澱粉水並攪拌均勻，隔水加熱成糊狀。
4. 將模具抹油，倒入澱粉糊，再抹平。
5. 以中偏大火蒸煮 15 分鐘，冷卻後再切塊食用。

Tip ★

1. 山梔子爲增色使用，若使用的量過多，本身藥味會溶出而影響風味，可視需要適量添加黃色食用色素輔助。
2. 炊蒸粉粿必須全程使用中偏大的火候，有充足的熱氣炊蒸，口感才會 Q 彈。
3. 粉粿放涼後才可脫模，冷藏隔天的口感最佳，冰太久會變硬。

滑細又彈牙甜涼

綠豆粉糕（粿）

綠豆粉糕在台灣某些地方稱為「綠豆粉粿」，但又不像粉粿那麼軟趴趴，硬度反而比較像菜燕，口感介於羊羹和果凍之間，但比羊羹更滑細，彈牙甜涼。綠豆粉糕（粿）使用的原料是綠豆澱粉，不是直接用綠豆磨成的綠豆粉製作而成。

一般直接研磨的綠豆粉僅能做成綠豆沙牛奶、甜點，甚至用來敷臉，而「綠豆粉糕」是從綠豆中提煉出的「純澱粉」再加入砂糖、水製作而成。綠豆澱粉也能取代「馬蹄粉（用荸薺磨成的澱粉）」，做成廣東小吃馬蹄糕，或是涼粉、粉皮、腸粉、冬粉。

綠豆性涼，是非常適合夏季消暑降溫食補的豆類，據說

綠豆粉粿是源自漳州的傳統小吃，前置的「洗粉」工序繁多。先將綠豆脫殼變成綠豆仁，再將綠豆仁磨漿過濾，靜置沉澱後曬乾，此過程跟前文提過的洗粉過程差不多，但多了「脫殼」步驟。綠豆粉成品很像太白粉，這也就是爲什麼綠豆粉糕爲何不像綠豆仁是黃色的原因。剩下的綠豆殼最後都去了哪裡呢？可以做成冬暖夏涼的綠豆殼枕頭！據本草綱目記載：「綠豆皮，解熱毒，退目翳」，綠豆皮即綠豆殼，以前的人認爲綠豆殼能退火、降溫，綠豆殼枕頭如同發燒時用的冰枕，能安定情緒、幫助入睡，有些草蓆店會賣綠豆殼枕頭喔～

想在家做綠豆粉糕不難，準備綠豆澱粉 100 克、細砂糖 100 克、冷水 700 毫升（綠豆澱粉＋糖＋水的比例爲 1：1：7），全倒入鍋中攪拌均勻，以小火加熱，過程中慢慢攪拌至半透明糊狀，倒入容器內冷卻定型即可。煮製時，如果加入桂花醬，就是桂花糕囉！

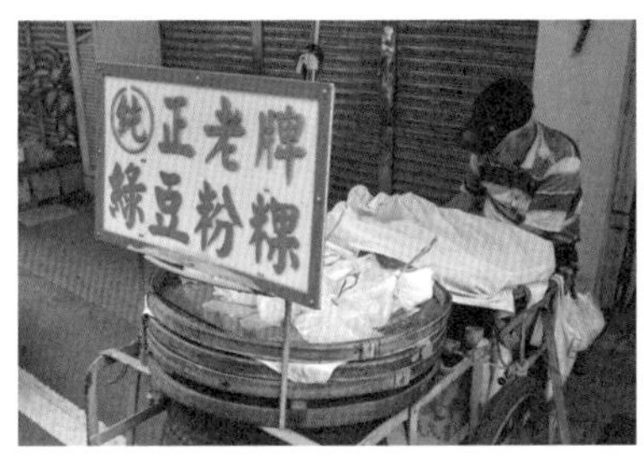

●（左圖）綠豆粉糕（粿）吃起來介於洋菜凍與果凍之間，有點軟又有點脆，淡淡的甜襯托著淡淡的綠豆粉香氣。●（右圖）脫殼後的綠豆殼再利用，曬乾後做冬暖夏涼的綠豆殼枕頭，但目前坊間的綠豆殼枕頭主要來自於孵豆芽菜後脫落的殼。

傳統的初夏點心

綠豆糕

目前市面上販售的綠豆糕分爲乾式（褐色）與濕式（黃色）兩種，兩者的含水量不同。褐色綠豆糕屬於傳統閩南式的做法，將生綠豆去殼炒熟後磨成粉，再拌入熟糯米粉、糕仔糖，做成糕狀，又稱「京式綠豆糕」，入口鬆軟但無油潤感，可以常溫保存。

而黃色的綠豆糕又稱「綠豆黃」，則用綠豆仁蒸煮壓模而成，有些店家還會刷上麻油，爲增添香氣。以這種手法做成的綠豆糕，包括了「蘇式綠豆糕（包餡）」和「冰心綠豆糕」，製作時皆需添加油脂，口感比京式綠豆糕更加鬆軟細膩，由於糕體水分多，需要冷藏，保存期比較短。其中，冰心綠豆糕更強調的是入口即化的冰涼清爽感，非常適合做爲盛夏裡的消暑小點。

037

● 以熟粉（綠豆粉和糕仔粉）做的綠豆糕，可常溫保存。若以綠豆仁做成的綠豆糕，因含水量較高則需冷藏保存，且食用的期限也較短。

綠豆糕不只是一道傳統點心，在以往還有食療目的。自古以來，人們就有藥食同源的概念，綠豆本身有著清熱解暑的屬性，特別適合在夏天吃。在端午節過後炎夏將至、瘴癘之氣特別旺盛的時期，古人除了喝雄黃酒，還會吃綠豆糕以及鹹鴨蛋，因爲當時的人們認爲雄黃酒、綠豆糕和鹹鴨蛋都是涼性食物，具有驅瘟解毒、退火清熱之功效，就能避免因酷暑而產生的各種疾病或身體不適。

●（左圖）製作綠豆糕前，務必將綠豆仁多次洗淨，並且浸泡後再使用。●（右圖）隨著貿易住來，綠豆糕的做法也傳到了越南，成了當地的傳統糕點，甚至還得到阮朝保大皇帝賜名。不同於台灣版本，是加了椰漿、蓮子的口味，口感綿密細膩、入口即化。

食譜

Cooking at home

如果想在家做綠豆糕！

Ingrdients

食材

綠豆仁 300 克　　細砂糖 60 克
無鹽奶油 90 克　　水 750 毫升

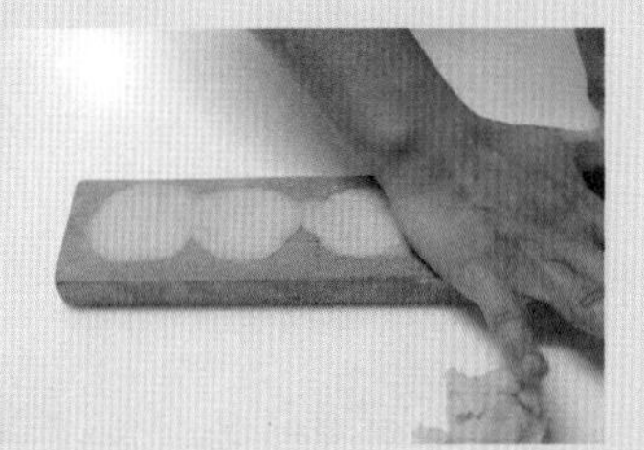

Methods

做法

1. 綠豆仁加水浸泡 1 ～ 2 小時，至用手可捏爛的程度後撈起瀝乾，放入電鍋，外鍋 2 杯水，蒸熟後倒出冷卻。
2. 將綠豆仁倒入耐熱袋中，用擀麵棍擀成泥狀，或用調理機攪打均勻。
3. 放入奶油、細砂糖，不停攪拌成團狀。
4. 乾鍋放入綠豆團翻炒，稍微收乾水分至不黏手的程度。
5. 待涼後分割成每團 50 克，備用。
6. 取一餅模，放入綠豆團壓緊壓實後脫模即可。

Tip ★

1. 油脂可改爲豬油，風味更佳、更古早味。
2. 可隨個人喜好包入餡料，或加入天然色粉染色。

家家團圓的美意

地瓜圓

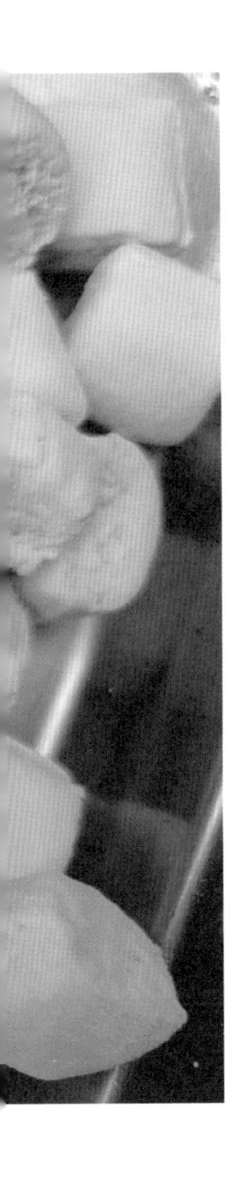

地瓜又稱番薯，「番」是指「外來」的意思，就像番茄、番石榴、番麥（玉米）。有時也會寫成「蕃」薯，是因爲日本時代的文獻中，跟作物有關的「番」字會加上草字頭。在物資普遍缺乏的年代，白米是讓人望之興嘆的奢侈品，多數人只能以番薯爲主食。一年之中，吃湯圓的機會不多，貧窮人家餐餐以地瓜籤果腹，到了冬至，才會磨糯米來製作湯圓，於是便想出「番薯圓仔」來應景。將地瓜削皮並蒸熟後，摻些地瓜粉揉至不黏手狀態，便可搓成一顆顆的圓仔，用當時最常見的食材滿足每一家都希望團圓的心情。

從番薯圓仔演變而來的地瓜圓

窮則變，變則通的「番薯圓仔」就是「地瓜圓」的前身，以往地瓜圓不及九份「芋圓」那麼有名，後來因爲九份芋圓而成爲家喻戶曉的冰品、甜湯的配料之一。除了台灣本島以番薯爲主食，在金門也是，因爲當地土壤及天候等因素，人們仰賴耐旱且易生長的番薯維

● (上圖)「安籤」與「安脯」的製作過程。● (下圖)在金門的街上隨處可見安籤(細條狀)、安脯(片狀),或者安脯脆(粗粒)。

生，除了當季收成時能吃到新鮮番薯之外，人們還會想方設法將剩餘的番薯做保存，以滿足長期食用的需求。

金門人習慣把番薯切片或刨成細條狀，使其自然曬乾成番薯片、番薯籤，或是用水洗方式做成番薯粉。金門人稱番薯爲「安茨（ㄘˊ）」，加工後的產品大多省略「茨」字。在金門，人們會用「番薯刀仔」先削皮、剔除不要的部分，再用特殊器具「銅銼」來銼番薯，然後攤曬在自家場域，因此當地街上隨處可見安籤（細條狀）或安脯（片狀）或安脯脆（粗粒）。有趣的是，根據切割的形狀不同，受到日曬的表面積也不同，因此烹煮後的口感與味道就不一樣喔，而且金門人做地瓜圓跟台灣本島的做法各具特色，他們製作會加入一些安籤，稱作「安籤圓」。

和芋圓同樣製作方式的「馬鈴薯圓」

馬鈴薯是斗南鎮的特產之一，產期爲每年農曆十二月到隔年一、二月，與媽祖的香客期同一時間，曾有信徒把賣相不佳的馬鈴薯送給廟方，因爲量很大，志工媽媽們模仿芋圓製作方式做成「馬鈴薯圓」，沒想到意外地好吃。因爲不是用糯米製作，吃了不會脹氣，還有飽足感，於是斗南順安宮每年在大年初一到農曆三月底，會免費供應提供給香客當平安湯圓享用，也成爲廟裡獨一無二的特色。

食譜

Cooking at home

如果想在家做地瓜圓！

Ingrdients

食材

地瓜 240 克
地瓜粉 160 克
日本太白粉 40 克
細砂糖適量

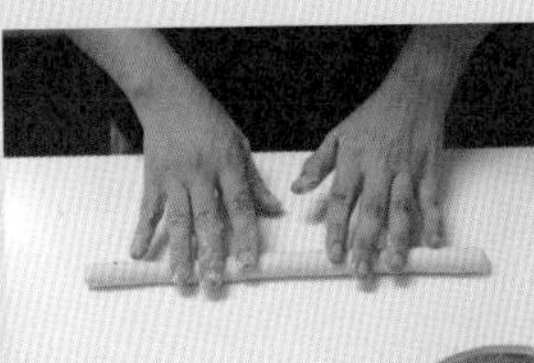
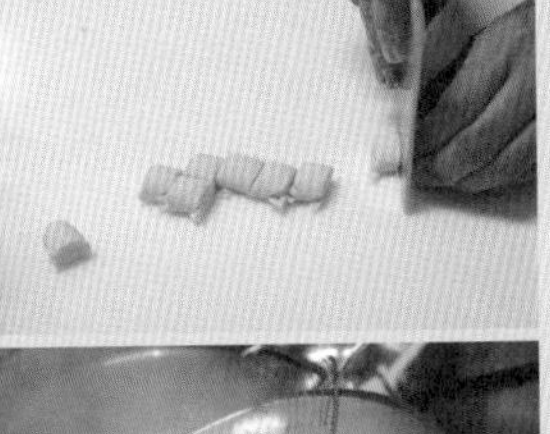

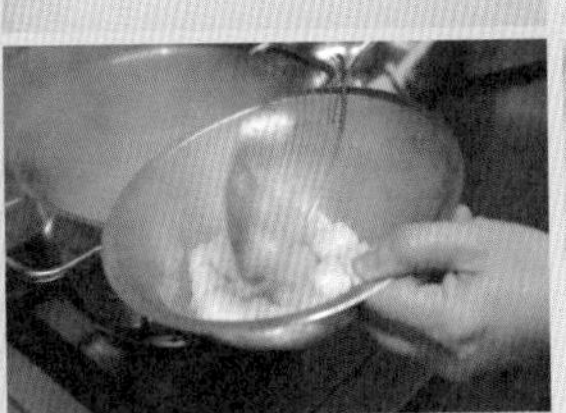

Methods

做法

1. 地瓜去皮後切薄片，用電鍋蒸熟。
2. 放入大碗搗碎，趁熱加入地瓜粉、日本太白粉拌成團。
3. 揉成長條狀，再切成寬約 1 公分的小塊。
4. 撒上適量日本太白粉（份量外），以防沾黏。
5. 放入滾水鍋中，煮至浮起脹大，撈出瀝乾。
6. 趁熱加入細砂糖攪拌均勻，能防止結塊。

Tip ★

1. 添加日本太白粉，可避免成品在低溫下變硬。
2. 地瓜可替換芋泥，但混拌時需逐次添加水，幫助成團。
3. 以夾鏈袋密封保存，可冷凍 1 ～ 2 個月。

大人小孩都愛

地瓜球

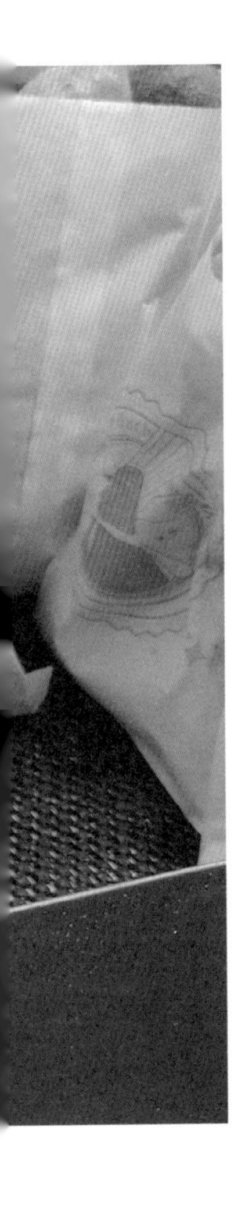

說起地瓜球，眞是台灣夜市飲食文化的代表之一！圓滾滾的討喜外型，酥脆外皮和特殊口感，小小顆讓人一口接一口，只用銅板價就能滿足味蕾，是廣受台灣人喜愛的庶民點心。除了「地瓜球」，不同地區對於這款小吃有著不同稱呼，如「啾啾蛋」、「QQ 球」，如果是有餡的，還被稱爲「燒馬蛋」，它們的製程和口感都有些差異，不管哪種都有愛好者，同時顯露出台灣夜市小吃的多樣性。

關於地瓜球的起源有不同說法，據傳有位退休長者在新北市的中正橋下種地瓜，政府整治河灘地時，操作怪手的工人不小心把地瓜田挖壞了。長者不想浪費，便把地瓜丟進油鍋炸，因爲滋味香甜，他就到夜市擺攤販售炸地瓜。後來經過改良，才成爲我們熟知的地瓜球，也就是中間空心的、口感蓬鬆又有 Q 勁的點心。

● 炸地瓜球時，需要不斷擠壓，讓油出去、促使空氣進來，才能外酥內中空。

一般的做法是，將地瓜削皮後蒸熟，趁熱與樹薯粉充分混合，有些配方則會使用糯米粉、地瓜粉，甚至是太白粉，這些粉類特性在前文都介紹過了，其實非常相近，但比例的不同，會影響地瓜球起鍋後的口感，所以各個店家的都有自己的黃金比例及獨家秘方。當澱粉遇到高溫會「熱漲冷縮」，透過不斷重複這個過程，就能讓地瓜球逐漸變大，造就外酥內中空的特殊口感！因此，油炸溫度是絕對關鍵，也影響著地瓜球膨脹程度與表面酥脆度。

Cooking at home

如果想在家做地瓜球！

Ingrdients

食材

地瓜 100 克
地瓜粉 45 克
白砂糖 25 克
鹽適量
炸油 適量

Methods

做法

1. 地瓜去皮後切片，用電鍋蒸熟，放入大碗搗碎。
2. 趁熱拌入白砂糖、鹽和地瓜粉，揉成團，再分割成小塊。
3. 準備油鍋，加熱至 130℃，以小火油炸至地瓜球浮起。
4. 用漏勺按壓地瓜球，使內部空氣排出，連續壓 5 ～ 6 次後撈起。
5. 再次放入油鍋裡，以大火翻炸至金黃色，將多餘的油逼出來，撈起瀝乾即可。

Tip ★

1. 由於地瓜自帶糖分，很容易焦黑，起初下鍋時，油溫不能太高。
2. 如果粉團一壓就扁掉的話，表示定型時間不夠。

脆脆香香自然甜

地瓜煎餅

在早期社會，生活物資不豐盛，許多人種植民眾最常吃的地瓜，除了用來取代稻米當成主食外，人們也會想盡辦法做成其他變化食用。即便當時不易取得麵粉，但沒關係，媽媽們總有辦法把它變得很好吃！將地瓜蒸熟後搗成泥，加入地瓜粉混拌，再用金屬片壓成餅狀，放入加了油的鍋中，煎得脆脆香香，便成了內Q外酥的地瓜煎餅，又有「番薯椪餅」之稱。

手邊如果沒有模具定型，也可以用金屬湯匙舀或用手稍微塑形，放入微溫的鍋子裡，待兩面焦香上色就能吃了，不管它是燙手還是燙口，趁熱品嚐最重要。

040

● 先以挖勺定量取出地瓜餡，放上煎檯，透過鐵板熱度產生梅納反應，瞬間香氣四溢，是道在家也能操作的簡易地瓜點心。

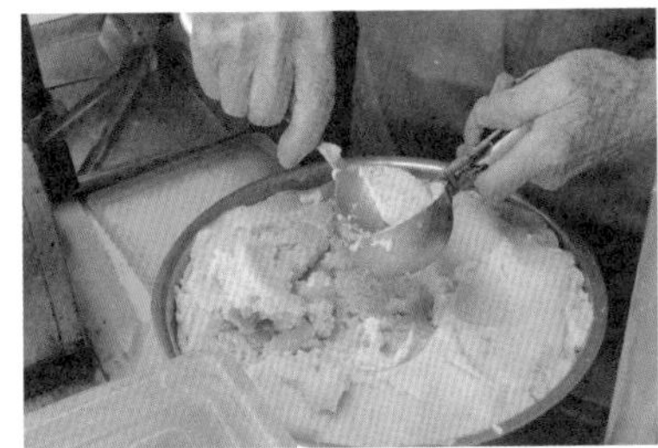

沾裹花生或芝麻吃，更香！

相信「地瓜煎餅」是很多人小時候的回憶，現今在某些鄉鎮或人潮聚集的觀光景點，有時還是能遇上少數幾攤現煎現賣的小攤車。有些人用冰淇淋挖勺將地瓜泥放到鐵板上煎，或以麵糊攪和著地瓜籤，還有紫地瓜口味的，在鍋中煎得滋滋作響的聲音，光是聽起來就很療癒。

透過鐵板的熱度，讓其產生梅納反應，當兩面金黃上色後，小販還會加上特殊的「起鍋儀式」，分別裹上花生粉或芝麻粉，讓地瓜的甜與堅果的香融合在一起。如果說吃地瓜餅會讓人感到幸福的話，應該就是這股熟悉的媽媽味了吧！

Thank you very much
滋養・新鮮・美味
© JJG 2000

Cooking at home

如果想在家做地瓜煎餅！

Ingrdients

食材

黃肉地瓜 200 克
紅肉地瓜 200 克
地瓜粉適量
鹽 少許

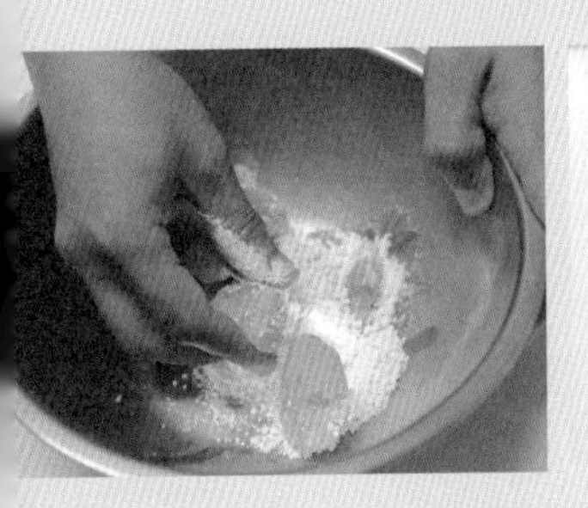

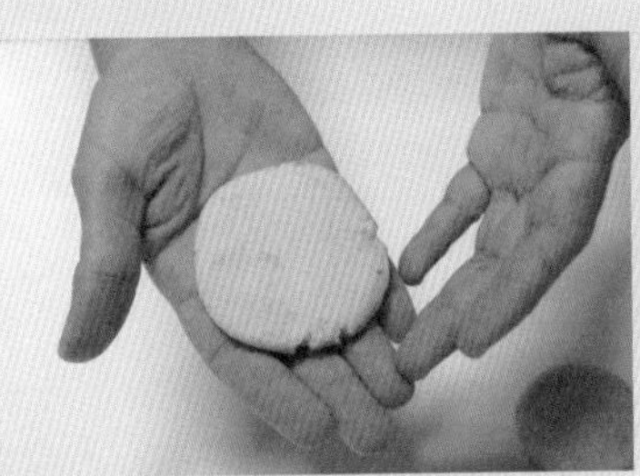

Methods

做法

1. 地瓜去皮後切片，用電鍋蒸熟，放入大碗搗碎。
2. 壓成泥狀，加入地瓜粉、鹽拌勻（粉類主要用來吸附地瓜泥中的水分，適量加入至不黏手、好定型就可以）。
3. 先搓揉成圓球狀，再壓扁成圓餅狀，即為地瓜餅。
4. 在鍋中加入少許油，以小火將地瓜餅煎至雙面上色即可。

可愛的鄉土點心

番薯椪

甜點炸物三兄弟之一

番薯椪的外型看起來像是放大版又消風的地瓜球，傳統版本的內餡是花生粉跟砂糖，一口咬下，Q 彈外皮搭配熱呼呼的砂糖內餡，有時不小心還會被裡面半流動糖漿燙得哀哀叫。它與白糖粿、芋頭餅在攤子上常並列甜點炸物三兄弟，無論到哪裡，它們三個都是形影不離。番薯椪是用台農 57 號地瓜蒸熟並壓碎之後，再加地瓜粉攪和，包入砂糖和花生粉揉成圓形後壓扁，經油炸而成的鄉土點心。

炸番薯椪也是有學問的，不僅外皮要炸酥，還得掌握裡面包的砂糖是否會溶化。因此油溫及耐性就顯得特別重要，急不得也快不了。有人喜歡咬到些微糖粒的口感，只要事先

041

交待一下，老闆隨時都可以幫你客制化。若將番薯椪壓扁後油煎，口感跟地瓜煎餅一樣美味，香甜的地瓜餅皮中夾著蜜汁般的糖液，如果不喜歡炸物的嗜甜螞蟻人，煎番薯椪也是不錯的料理方式喔。

番薯椪和燒馬蛋的恩怨！？

據說它與「燒馬蛋」還有一段恩怨糾葛，早期在屏東地區爲了使這個通俗的鄉土點心有個新鮮名號，於是想像力豐富的人就將「番薯椪」取名爲「燒馬蛋」。不過，後來有人認爲番薯椪這個名字也不錯，爲了安撫「燒馬蛋族」，就幫兩族正名以利區分。後來就把用番薯和芝麻揉成團，丟進油鍋炸的叫燒馬蛋，從此這兩族相安無事到現在。

●（左圖）番薯椪如果摻太多粉，冷卻後容易變硬。●（右圖）番薯椪與白糖粿、芋頭餅並列爲古早味甜點炸物三兄弟。有選擇障礙的人不用考慮，全部都點來吃就對了。

Cooking at home

如果想在家做番薯椪！

Ingrdients

食材

地瓜 200 克	細砂糖 70 克
地瓜粉 70 克	花生粉 30 克
糯米粉 30 克	炸油 適量

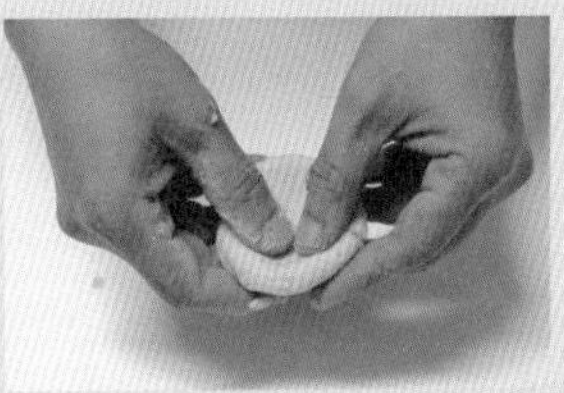

Methods

做法

1. 將花生粉與細砂糖混勻成花生糖粉，備用。
2. 地瓜去皮後切塊，用電鍋蒸熟，放入大碗搗碎。
3. 趁熱壓成泥，加入地瓜粉、糯米粉，揉成如耳垂般的柔軟團狀（可視狀況另添加水量）。
4. 用手捏取適量大小，在中間包入適量花生糖粉。
5. 收口捏合，整型為小圓餅狀。
6. 準備油鍋，加熱至140℃，下鍋油炸至金黃膨脹，約5分鐘撈起。

土話是「剛包」

地瓜餃

在早期的年代，外島馬祖和大部分的台灣人一樣生活困苦，幾乎都是吃地瓜爲主食。尤其馬祖各島皆是丘陵地，平地稀缺、水源不足，土質與氣候不宜種稻，故能抗旱的地瓜成爲當地人的重要主食。在清明前後經常有霧，正好是栽種地瓜的好時機，通常長得特別碩大而甜美。馬祖婦女們會利用地瓜做成各式甜食點心、釀製地瓜酒，其中又以「地瓜餃」最具代表性，外皮金黃十分討喜，可煮甜湯或油炸成小點心食用。

馬祖人也常將地瓜剉成絲再曬乾，稱爲「番薯米」，保存在木桶裡，日後慢慢食用，或像金門人一樣做成番薯粉，是用來製作地瓜餃、龜桃等傳統糕點時不可或缺的材料，然而現在多以太白粉、馬鈴薯粉、樹薯粉取代。

042

「地瓜餃」可做成鹹點或甜食，過去土話稱「趕貓」，就是「剛包」的意思，使用新鮮地瓜泥揉成金黃外皮，另外將花生炒香後搗碎，加入芝麻與豬油、砂糖、蔥花即成餡料，包餡後捏成三角形。因爲製作者的習慣不同，後來三角形、水餃、橢圓狀都有，蒸、炸、煮等不同料理方式也各有擁護者。

馬祖人做地瓜餃時的「隱味」

馬祖人做地瓜餃時，習慣偷藏一步，在花生粉內餡裡加入麥蔥，如果不是麥蔥的季節，就改換珠蔥，難怪我在家怎麼做總是少了一種味道。這是在市場訪查時，趁機和阿伯套話問出的小秘密，他說加青蔥就不對味了！剛炸好的地瓜餃最是迷人，咬下時，熱騰騰的甜花生漿入口即化，柔中帶勁的外皮有溫和甜味，加上蔥的香氣點綴，是種和諧的美味！

●（左圖）地瓜餃一般做成三角形居多。●（右圖）「馬祖麥蔥」也有人稱馬蔥，但麥蔥不是蔥，而是蒜類的一種，只能野生，無法大量栽種，十分稀有。想吃麥蔥，只有馬祖有，島民在春天的重要大事就是去野地找麥蔥、拔麥蔥，如果幸運拔得特別多，可以洗淨後切段，放冷凍庫保存。

●（左圖）之前教課時，教大家做的地瓜餃，配上綠豆湯也很對味！

Cooking at home

如果想在家做地瓜餃！

Ingrdients

食材

地瓜 190 克	珠蔥 10 克
地瓜粉 35 克	砂糖 20 克
熟花生 30 克	豬油 10 克

Methods

做法

1. 珠蔥切細末；熟花生去皮後，放入塑膠袋中，鋪平壓碎，備用。
2. 將蔥末、砂糖、豬油與花生碎攪拌均勻，即成內餡。
3. 地瓜去皮後切塊，用電鍋蒸熟，放入大碗搗碎。
4. 趁熱壓成泥，加入地瓜粉，反覆搓揉成團狀。
5. 取 40 克粉團，放入滾水鍋煮熟至浮起，再和做法 4 的粉團揉勻，以增加 Q 度。
6. 將粉團分成等份小塊，包入做法 2 的內餡，捏成三角狀。
7. 包好後可水煮或油炸，若做甜湯，可在煮熟後加糖水食用；若是油炸，大約炸 5 分鐘至熟即可。

Tip ★

1. 熟花生現壓的顆粒大，較有口感，亦可用花生粉取代，但口感有差。
2. 可用花生油或沙拉油等植物油取代豬油。
3. 內餡可加適量五香粉，幫助提味。
4. 此配方爲減糖版本，嗜甜者可與花生碎以等比例調整。

退火解熱良方

太白粉甜湯

阿嬤牌的清涼秘方

在物資較不豐裕的年代，孩子們的零食選擇不多，不少長輩會在家沖泡太白粉當點心，原料只有糖、熱水及太白粉，將其充分攪勻後製成簡易又可口的甜湯。由於甜食可以開胃，在當時對於因感冒而胃口不好的人來說，是非常有用的家庭食補。天氣熱的時候，也能和著黑糖水一起吃，清涼又消暑，雖然外觀看起來樸素，卻是退火又解熱的阿嬤牌秘方！

南部人對太白粉甜湯比較陌生，但對北部人來說就熟悉許多。一提到「太白粉粿」、「太白粉凍」、「太白粉水」，上了年紀的人應該都滿懷念的，在宜蘭又叫片粉或粉仔！它吃起來Q彈，類似涼圓或粉粿口感，是許多人的兒時回憶，至今北部還有少數幾間販售這類甜品的店家。早期以茶車的形式穿梭在巷弄間，尖銳的水壺笛聲很引人注目，往往車還沒到，聲音就先傳到耳邊。車上會載著沸騰的滾水，販售以沸水沖調的太白粉甜湯、麵茶和杏仁茶這些

● 太白粉甜湯是早期年代的家庭食補良方。

甜湯。沖泡太白粉甜湯的起源已不可考，但可不是隨便用一款太白粉就能沖泡成功。以前的太白粉主要是以葛鬱金（粉薯）爲原料，後來因爲樹薯（木薯）種植容易，生產成本低，故現在的太白粉多以進口的樹薯（木薯）粉取代。前文已介紹過澱粉種類，如果單講「太白粉」，相信有人會混淆誤以爲是樹薯製成的粉，要沖太白粉甜湯的話，建議務必使用「日本太白粉」，因爲日本太白粉主要成分是「馬鈴薯」，粉質較細緻，比較容易熟化，而且有口感。

食譜

Cooking at home

如果想在家做太白粉甜湯！

Ingrdients

食材

日本太白粉 30 克
常溫水少許
滾燙熱水 200 毫升
糖水或黑糖水 適量

Methods

做法

1. 在大碗裡放入太白粉，用少許常溫水先把太白粉攪勻，如此會比較好操作。
2. 用滾燙的水往太白粉漿裡倒並迅速攪拌，動作要快，才會整個熟透，待太白粉漿凝結成粿狀。
3. 用刀子將凝固的太白粉粿切成適口大小。
4. 加入黑糖水或糖水、冰塊，即可享用。

加酸甜蜜餞最對味

梅梨糕

梅梨糕有著晶瑩的外型與Q軟口感，十分討喜！此外還有馬祖涼糕、迷你糕、水晶糕、尾梨糕、莓薺膏等多種稱呼，正確寫法應該是「梅梨糕」，是馬祖宴席中最後一道的甜點代表，也是地方傳統點心。因其傳統做法夾雜著白色「荸齊」粒，而「荸齊」的福州話叫「梅梨」，故「尾梨」、「莓薺」、「迷你」的稱呼是由「荸薺」的福州方言音變而來。梅梨糕的外觀晶瑩剔透明如水晶般，坊間以「水晶糕」來稱呼最爲常見。

有的馬祖居民說琥珀色的梅梨糕是用太白粉做的，也有人說是地瓜粉，實際訪查後發現，其實就是細的地瓜粉或樹薯粉，至於爲什麼裡面沒有放荸齊，已無從考究。雖然做法

044

跟粉粿很像，但外形有稜有角，比較像是不沾粉、偏硬挺的涼糕。半透明狀的粿體本身不帶明顯甜味，而是由一兩種不同顏色細碎的酸甜蜜餞佐味而成。

以前用「炒」的製作梅梨糕

早期的製作梅梨糕的方法是用「炒」的！先在鍋中倒入調好的粉漿後，用文火邊攪邊煮，防止結塊。後續改用大火燒，使水分快速蒸發，轉成濃稠狀後加少許油翻炒至熟透（東引人會用豬油翻炒，「炒」的手法和上個章節年糕介紹過的「煡」是一樣的意思。）。但現在大都改用蒸的方式居多，等待冷卻凝固，再切成小塊，最後撒上喜愛的蜜餞碎粒或芝麻即可享用。

● 梅梨糕做法已逐漸簡化，以前用「炒」的，現已改用「蒸」的方式取代。

如果想在家做梅梨糕！

Ingrdients

食材

太白粉 200 克
溫水 240 毫升
二砂糖 60 克
蜜餞（梅子、橄欖）適量
熟白芝麻適量
食用油少許

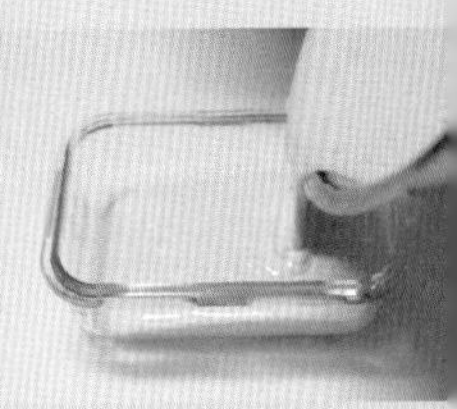

Methods

做法

1. 蜜餞切碎，備用。
2. 在鍋中將溫水與二砂糖融成糖水，再加入太白粉拌至無顆粒狀。
3. 用文火加熱，使其糊化半熟，避免澱粉再度沉澱。
4. 取一個淺盤，均勻抹上油，倒入做法 2 的半熟粉漿。
5. 放入蒸籠，以中火蒸約 15 分鐘成固體狀。
6. 取出待涼，切成適口塊狀，撒上蜜餞碎粒及白芝麻即可。

Tip ★

1. 粉與水等比例的話，口感會太硬，可以適度調整為1：1.2。
2. 粉與糖比例約為 1：0.3，可依個人嗜甜程度增加。

一口吃的涼點

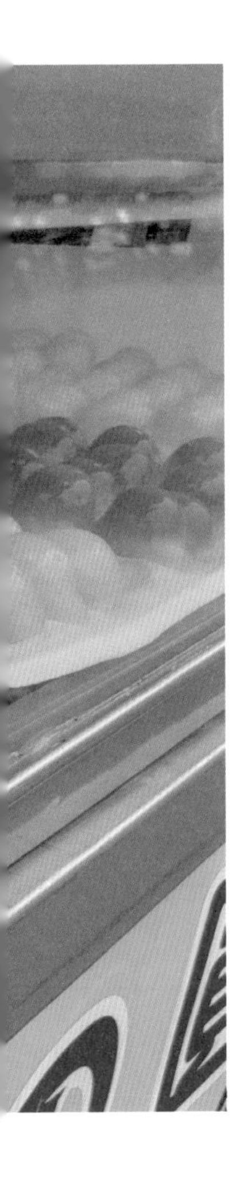

涼西圓（涼圓）以往在傳統市場或夜市都能見到，有著透明Q彈的外皮，將滑順豆沙內餡的渾圓展露無遺。外型像是小巧可愛的「透明麻糬」，吃來沁涼甘甜，讓人不禁一圓接一圓、一口接一口。而涼西圓的名稱，取自於這些豆沙餡料，因爲豆沙的「沙」與「西」的台語發音類似，所以也有人稱「涼沙丸」。雖然內餡以豆沙爲主，但後來出現芋頭、草莓、哈密瓜、青蘋果等口味的餡料，繽紛多彩的顏色更賞心悅目。

涼西圓要冰涼地吃才美味

製作方法很簡單，先將豆沙餡搓成小圓球，再裹上一層太白粉漿。用蒸籠或電鍋蒸幾分鐘取出，然後放冰箱冰鎮，未蒸煮前是白色的，蒸熟後的外皮就會變成透明狀。涼西圓要冰涼才好吃，但長時間放冰箱會導致外皮變硬，所以攤販通常會在下方擺一塊又大又厚的冰塊，爲保持冰涼。

● 粉漿糊的濃稠度，跟成品外皮的厚度有密切關係，要裹得恰到好處需要一點技巧與經驗。

涼西圓偶爾也會成為「辦桌」甜點，用人造綠葉包裹著橢圓狀的涼西圓，被稱作「涼菓子」或「紅豆露草」，是從日式和菓子「葛櫻」發想而來。但和涼西圓不同的是，葛櫻是以葛粉（葛根粉，也是一種澱粉，由植物根部萃取而成）、砂糖、水以 1：2：4 比例製成，包入紅豆沙餡後蒸至透明，包上鹽漬櫻花葉來食用。

食譜

Cooking at home

如果想在家做涼西圓！

Ingrdients

食材

市售豆沙餡 160 克
太白粉 80 克
水 200 毫升
冰水（降溫用）

Methods

做法

1. 將豆沙餡分切成 20 粒，搓成圓球，冷凍備用。
2. 將太白粉與水拌勻，隔水加熱成黏稠的糊狀。
3. 用竹籤插一粒豆沙，均勻裹粉漿，再排到鋪有烤焙紙的蒸盤上，完成 20 粒。
4. 準備蒸鍋，待水滾後放入蒸盤，蒸約 3 分鐘後取出，外皮轉透明即可。
5. 最後淋上冰水降溫即可。

Tip ★

1. 可用樹薯粉或地瓜粉來替代太白粉。
2. 內餡也可改成紅豆沙、綠豆沙、芋泥，好塑形就可以。
3. 粉漿濃稠度跟成品外皮的厚度有密切關係，舀起一匙不會立刻攤平的狀態爲最佳。
4. 若要放冰箱降溫，不要冷藏太久，以免變硬。

紅白的吉利點心

水果涼糕

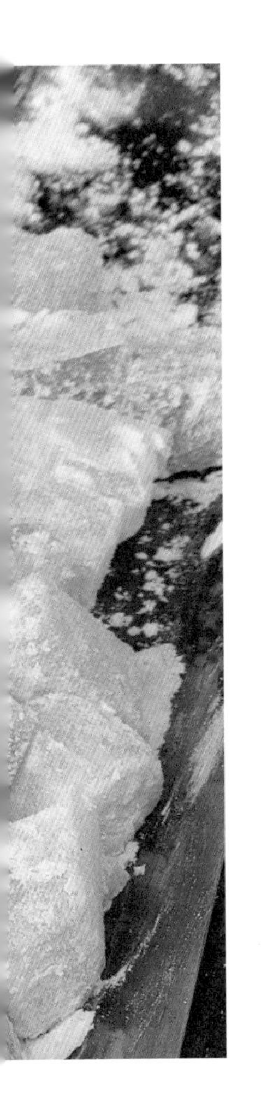

在早期的社會中，有些人家會在過年期間準備水果涼糕來表示討吉利的象徵。一開始的涼糕顏色有紅有白，口感香甜爽口，但隨著時代改變，現今的水果涼糕不再只有傳統原味，還可以用新鮮水果汁、糖品、茶等材料，來變化製成多樣化的口味。

水果涼糕從何而來？或許要從「桔紅」說起。桔紅又名「吉紅」、「橘紅」、「桔紅糕」，原先流傳於中國福建地區，相傳是在清朝道光年間發明的甜點，當地做法是用熟糯米粉加糖製作而成，還會加入藥食同源的「金桔」。根據閩南傳統習慣，男方到女方家訂婚時，女方會用熱茶、桔紅糕招待來客，並當成回禮送給男方，因此又有「新娘糖」之稱。因為金桔諧音有「大吉大利」之意，也會當成過年的應景點心。

和水果涼糕很像的「芭蕉飴」

台灣有些老餅舖也有販售「水果涼糕」，但不稱涼糕，而是「麻糬粒」，味似涼糕，但口感

● 左圖爲芭蕉飴，下圖爲顏色有紅有白的水果涼糕。早期會在水果飴或芭蕉飴中添加香蕉油，除了增添風味外，其氣味還可以驅走螞蟻。香蕉油又稱乙酸戊酯，爲人工香料的一種，因爲有水果香氣，其香氣近似香蕉而得名。

像麻糬。同樣以熟糯米粉、糖水製作，做法與鳳片糕很像，但比例有些改良。以前製作鳳片龜、大鳳片時，會將多餘的邊角材料切成小丁，當作「麻糬粒」販售，其實正規做法就是現代人熟悉的「芭蕉飴（香蕉飴）」。

芭蕉飴和水果涼糕外觀很像，同樣是沾粉的糕體，但原料不太一樣，很容易誤認它們是一樣的。芭蕉飴（香蕉飴）又稱爲水果飴，雖爲傳統涼糕之一，但使用的是熟糯米粉、砂糖、麥芽、香蕉水，不同於外面常見使用樹薯粉、洋菜製作且沒有糯米成分的水果涼糕喔。

Cooking at home

如果想在家做水果涼糕！

Ingrdients

食材

樹薯粉 200 克
細砂糖 60 克
鳳梨果汁 300 克
水 300 毫升
熟玉米粉 適量

Methods

做法

1. 將樹薯粉、細砂糖、鳳梨果汁、水倒入鍋中攪勻，開火攪拌至濃稠狀。
2. 將模具塗上少許油，倒入做法 1 的熟化粉糊。
3. 加蓋，以大火蒸約 10 分鐘，粉糊呈現透明狀後關火。
4. 讓涼糕冷卻，再撒上熟玉米粉，即可切片食用。

Tip ★

1. 亦可用全果汁替換水的比例，但糖量要減少。
2. 做好的涼糕建議在 2 ～ 3 日內食用完畢，比較不會破壞口感與鮮度。
3. 樹薯粉經過攪拌後會再度沉澱，故以小火攪拌到黏稠，是爲了避免蒸的過程中水粉分離。

藥食同源的涼點

蓮藕糕

047

蓮藕糕是兩塊半透明糕體夾著豆餡或芋泥餡，一字排開很賞心悅目，也有人叫它「夾心糕」或「珊瑚糕」。尤其是粒粒分明的豆餡，搭上不會太甜的糕體，一口咬下，清爽Q軟，夏天吃更是沁涼入心。蓮藕糕也是涼糕的一種，原料是由蓮藕粉製成，不同於用樹薯粉做的糕體，蓮藕糕口感比較軟嫩，同時具有藥食同源的養生效果。如果不夾餡直接切小塊，再沾裹上黃豆粉就是「台式蕨餅」囉！

蓮藕又分為菜藕、粉藕這兩種，菜藕適合料理用，粉藕則是澱粉含量高，適合加工。可以採收蓮藕粉的屬於「石蓮」品種，蓮藕粉的製程非常繁瑣，將蓮藕挖出來後清洗，絞碎後再壓成蓮藕漿，接著瀝渣、洗粉，經過反覆沉澱、多次濾水，以及晾乾等工序。最後利用竹片將碗中的蓮藕粉刮成薄片狀，放在太陽下曝曬乾燥，如此蓮藕粉才算真正製作完成！十至十二斤的新鮮蓮藕只能產出一斤多的蓮藕粉，有時氣候條件不佳，還會影響粉質生成，洗出來的粉可能沒那麼多。

● 經過反覆沉澱、多次濾水、晾乾取得蓮藕粉。最後還要利用專屬工具刮成薄片狀，放在太陽下曝曬乾燥，如此蓮藕粉才算眞正製作完成！

降火氣又消暑的天然飲料

除了做成蓮藕糕，也能當成飲品喝，藕農在田間流汗忙碌完的休息時間會沖泡藕粉，是降火氣又能飽腹的神隊友！蓮藕粉的特性與奶粉類似，如果水溫不夠，或是一次加入太大量藕粉的話，就很難將粉均勻沖泡開來，一旦出現結塊，後續再加水也難以補救。

因此，「把粉往熱水裡面加」是關鍵！藕粉的香氣多寡也取決於此，將蓮藕粉分次慢慢均勻撒入熱水中，濃度可自己控制，但不要一下全倒進去，直到整杯均勻融化，就沖泡完成啦！蓮藕粉含有豐富鐵質，接觸空氣時間越長，藕粉顏色會由白漸轉爲紅褐，純的蓮藕粉放久後顏色會變深，泡出來的顏色也比較深，這是正常的！也有人利用蓮藕粉煮熟後會變濃稠的特性，用來取代太白粉做勾芡料理。

如果想在家做台式蕨餅！

Ingrdients

食材

蓮藕粉 120 克
日本太白粉 30 克
細砂糖 60 克
水 450 毫升
熟黃豆粉 適量

Methods

做法

1. 蓮藕粉、太白粉與三分之一的水一同攪拌成粉漿。
2. 剩下三分之二的水、細砂糖倒入鍋中，煮沸成糖漿。
3. 將滾燙的糖漿沖入粉漿中，快速攪拌至濃稠狀，此動作要快。
4. 倒入模具中，用大火蒸 10 分鐘。
5. 放涼後，倒在熟的黃豆粉上切塊，均勻沾裹粉後享用。

勝發精品
全素
清香
綠豆糕

2295979
涼麵
麵
宮後街
Gunghou St.
古早味
壽司
菜燕
古早味
0939704593

鍋燒意麵
荷芽飲品
QQ堡
鍋燒意麵
綠豆湯

古早味台式點心圖鑑

米製點心、澱粉類點心，
在地惜食智慧與手工氣味，作夥呷點心！

作　　者　莊雅閔（多數照片提供）
插　　畫　吳怡欣
特約攝影　王正毅
美術設計　謝捲子@誠美作 視覺設計
責任編輯　蕭歆儀

總 編 輯　林麗文
主　　編　蕭歆儀、賴秉薇、高佩琳、林宥彤
執行編輯　林靜莉
行銷總監　祝子慧
行銷企劃　林彥伶

出　　版　幸福文化出版社／遠足文化事業股份有限公司
地　　址　231 新北市新店區民權路 108-1 號 8 樓
電　　話（02）2218-1417
傳　　眞（02）2218-8057

發　　行　遠足文化事業股份有限公司（讀書共和國出版集團）
地　　址　231 新北市新店區民權路 108-2 號 9 樓
電　　話（02）2218-1417
傳　　眞（02）2218-1142
客服信箱　service@bookrep.com.tw
客服電話　0800-221-029
劃撥帳號　19504465
網　　址　www.bookrep.com.tw

法律顧問　華洋法律事務所 蘇文生律師
印　　製　凱林彩印股份有限公司

出版日期　西元 2024 年 9 月 初版一刷
定　　價　420 元
書　　號　1KSA0025
ISBN　9786267532126
ISBN　9786267532201（PDF）
ISBN　9786267532218（EPUB）

國家圖書館出版品預行編目 (CIP) 資料

古早味台式點心圖鑑：米製點心、澱粉類點心，我們的在地惜食智慧與手工氣味，作夥呷點心！／莊雅閔著 . -- 初版 . -- 新北市：幸福文化出版社出版：遠足文化事業股份有限公司發行 , 2024.09
面；　公分
ISBN 978-626-7532-12-6(平裝)
1.CST: 小吃 2.CST: 點心食譜 3.CST: 臺灣

427.16　　113010866